中国气候变化蓝皮书（2020）

Blue Book on Climate Change in China (2020)

中国气象局气候变化中心　编著

科 学 出 版 社

北 京

内 容 简 介

为更好地理解气候变化的科学事实，全面反映中国在气候变化监测检测与驱动因素等方面的新成果、新进展，中国气象局气候变化中心组织60余位专家撰写了《中国气候变化蓝皮书（2020）》。全书内容分为五章，分别从大气圈、水圈、冰冻圈、陆地生物圈、气候变化驱动因子等方面提供中国、亚洲和全球气候变化状态的最新监测信息，可为各级政府科学应对气候变化、制定气候变化相关政策提供科技支撑，并为满足国内外科研与技术交流需要，提升气候变化业务服务能力，更好地开展气候变化科普宣传等提供基础信息。

本书可供各级决策部门，以及气候、环境、农业、林业、水资源、经济、能源和外交等领域的科研与教学人员参考使用，也可供对气候和生态环境变化感兴趣的读者阅读。

审图号：GS（2020）3205号

图书在版编目（CIP）数据

中国气候变化蓝皮书. 2020/中国气象局气候变化中心编著. —北京：科学出版社，2020.8

ISBN 978-7-03-064877-8

Ⅰ.①中…　Ⅱ.①中…　Ⅲ.①气候变化－白皮书－中国－2020　Ⅳ.①P467

中国版本图书馆CIP数据核字（2020）第117750号

责任编辑：杨逢渤　李嘉佳 / 责任校对：樊雅琼

责任印制：肖　兴 / 封面设计：无极书装

科学出版社 出版

北京东黄城根北街16号

邮政编码:100717

http://www.sciencep.com

北京九天鸿程印刷有限责任公司 印刷

科学出版社发行　各地新华书店经销

*

2020年8月第　一　版　开本：787×1092　1/16

2020年11月第二次印刷　印张：7

字数：170 000

定价：128.00元

（如有印装质量问题，我社负责调换）

《中国气候变化蓝皮书（2020）》

编写委员会

顾　　问　秦大河　丁一汇

主　　编　宋连春

副 主 编　巢清尘　王朋岭

编写专家　（以姓氏笔画为序）

王　波　王　慧　王　冀　王长科　王东阡
王艳姣　王遵娅　车慧正　方　锋　艾婉秀
成里京　朱　琳　朱晓金　任玉玉　任国玉
刘　敏　刘洪滨　刘彩红　闫宇平　许红梅
孙万启　孙兰东　杜　军　李子祥　李忠勤
吴通华　何　健　何晓波　张　勇　张晔萍
张培群　张颖娴　陈燕丽　邵佳丽　武胜利
武炳义　周　兵　周　青　周芳成　郑永光
郑向东　荆俊山　柳艳菊　段春锋　侯　威
洪洁莉　袁　媛　袁春红　高　荣　郭建广
郭艳君　唐国利　黄　磊　龚　强　康世昌
廖要明　翟建青　戴君虎

前　言

近百年来，受人类活动和自然因素的共同影响，世界正经历着以全球变暖为显著特征的气候变化，全球气候变暖已深刻影响人类的生存和发展。2019 年，联合国政府间气候变化专门委员会（Intergovernmental Panel on Climate Change，IPCC）先后发布了《气候变化与土地特别报告》《气候变化中的海洋和冰冻圈特别报告》两份特别评估报告，全面评估气候变化对土地、海洋与冰冻圈的广泛影响和应对措施，引起各国政府和社会公众的高度关注。国际社会日益意识到气候变暖对人类当代及未来生存空间的威胁和严重挑战，以及采取共同应对措施减少和防范气候风险的重要性和紧迫性。习近平总书记指出："要实施积极应对气候变化国家战略，推动和引导建立公平合理、合作共赢的全球气候治理体系，彰显我国负责任大国形象，推动构建人类命运共同体。"[①]

2019 年，全球平均温度较工业化前水平高出约 1.1 ℃，过去五年（2015 ～ 2019 年）是有完整气象观测记录以来最暖的五个年份；全球海洋热含量和平均海平面均再创新高；山地冰川和极地冰盖强烈消融。气候系统表现出加速变暖的趋势特征，全球气候风险加剧。澳大利亚和北极地区均遭受创纪录强度的野火，高温热浪、极端降水、强风暴、区域性气象干旱等高影响和极端天气气候事件频发，并对人类社会经济系统和自然生态系统产生诸多的不利影响。

中国是全球气候变化的敏感区和影响显著区之一。20 世纪中叶以来，中国区域升温率明显高于同期全球平均水平。2019 年，江南、华南发生大范围持续性高温，长江中下游地区遭遇严重伏秋连旱，超强台风"利奇马"灾损重，严重影响了华东地区，

① 在习近平新时代中国特色社会主义思想指引下——新时代新作为新篇章 大国担当！中国引领全球气候治理 . http://cpc.people.com.cn/n1/2018/0613/c419242-30053638.html［2020-04-10］.

全国综合气候风险指数偏高。气候变化对我国粮食安全、水资源、生态环境、人体健康、能源、重大工程、经济社会发展等诸多领域构成严峻挑战，气候风险水平趋高。科学把握气候变化规律，有效降低气候风险；同时合理开发利用气候资源，是科学应对气候变化的基础。多年来，中国气象局认真履行政府职能，不断加强气候变化监测、科学研究、预测预估、影响评估、决策服务和能力建设，切实发挥在国家应对气候变化中的科技支撑作用。

为满足低碳发展和绿色发展的时代需求，科学推进应对气候变化、防灾减灾和生态文明建设，中国气象局气候变化中心组织编制了《中国气候变化蓝皮书（2020）》，提供中国、亚洲和全球气候变化的最新监测信息。本书内容翔实，科学客观地反映了气候变化的基本事实。未来，中国气象局将进一步贯彻党的十九大精神，期待本书能为实现全球气候治理和国内生态文明建设的相互促进及防灾减灾做出贡献。

编制过程中，自然资源部、水利部、中国科学院等提供了大量的观测资料和基础数据。在此一并对付出辛勤劳动的科技工作者表示诚挚的感谢！

中国气象局气候变化中心

2020年4月

目　　录

摘　要

气候系统的综合观测和多项关键指标表明，全球变暖趋势在持续。2019 年，全球平均温度较工业化前水平高出约 1.1 ℃，是有完整气象观测记录以来的第二暖年，过去五年（2015 ～ 2019 年）是有完整气象观测记录以来最暖的五个年份。2019 年，亚洲陆地表面平均气温比常年值（本书使用 1981 ～ 2010 年气候基准期）偏高 0.87 ℃，是 1901 年以来的第二暖年。20 世纪 60 年代以来，亚洲季风系统表现出明显的年代际变化特征；2019 年，东亚冬季风强度偏强、夏季风强度接近常年，南亚夏季风强度偏弱，夏季西北太平洋副热带高压面积偏大、强度偏强、西伸脊点位置偏西。

1901 ～ 2019 年，中国地表年平均气温呈显著上升趋势，近 20 年是 20 世纪初以来的最暖时期；2019 年为 1901 年以来的十个最暖年份之一，全国大部地区气温较常年值偏高。1961 ～ 2019 年，中国各区域年平均气温均呈上升趋势，且区域间差异明显，北方地区增温速率明显大于南方地区，西部地区大于东部地区，其中青藏地区增温速率最大。1961 ～ 2019 年，中国上空对流层气温呈显著上升趋势，而平流层下层（100 hPa）气温呈下降趋势；2019 年，对流层低层（850 hPa）平均气温为 1961 年以来的第二高值。

1961 ～ 2019 年，中国平均年降水量呈微弱的增加趋势，且年代际变化特征明显；20 世纪 80 ～ 90 年代年降水量以偏多为主，21 世纪最初十年总体偏少，2012 年以来持续偏多。1961 ～ 2019 年，中国平均年降水日数呈显著减少趋势，而年累计暴雨站日数呈增加趋势。2019 年，中国平均降水量为 645.5 mm，较常年值偏多 2.5%；北方大部分地区降水偏多，黄淮中西部、江淮大部、江汉大部及云南中南部降水偏少。

1961 ～ 2019 年，中国各区域年降水量变化趋势差异明显，青藏地区年降水量呈显著增多趋势；西南地区年降水量呈减少趋势；其余地区年降水量无明显线性变化趋势，但均存在年代际波动变化。21 世纪初以来西北、东北和华北地区年降水量波动上升，东北和华东地区年降水量年际波动幅度增大；2016 ～ 2019 年青藏地区年降水量持续异常偏多。

1961 ～ 2019 年，中国平均相对湿度和总云量无显著增减趋势，但存在阶段性变化特征；20 世纪 60 年代初期至 90 年代中期总云量呈显著下降趋势，20 世纪 90 年后期出现趋势转折，之后波动上升；2019 年，平均相对湿度和总云量均较常年值偏高。1961 ～ 2019 年，中国平均风速和日照时数呈下降趋势；2015 年以来平均风速出现小幅回升。1961 ～ 2019 年，中国平均≥ 10 ℃的年活动积温呈显著增加趋势；2019 年≥ 10 ℃活动积温较常年值明显偏多，为 1961 年以来的第三多。

1961 ～ 2019 年，中国极端强降水事件呈增多趋势，极端低温事件显著减少，极端高温事件自 20 世纪 90 年代中期以来明显增多。1949 ～ 2019 年，西北太平洋和南海台风生成个数趋于减少；20 世纪 90 年代后期以来登陆中国台风的平均强度波动增强；2019 年，西北太平洋和南海台风生成个数为 29 个，其中 6 个登陆中国；登陆中国台风平均强度较常年值偏弱，但超强台风“利奇马”为 1949 年以来登陆中国的第五强台风，且登陆后移动缓慢、陆上滞留时间长，风雨强度大、影响范围广。1961 ～ 2019 年，北方地区沙尘日数呈显著减少趋势。1992 ～ 2019 年，中国酸雨总体呈减弱、减少趋势；2019 年，全国平均降水 pH 为 5.96；平均强酸雨频率为 3.0%，与 2018 年并列为 1992 年以来的最低值。1961 ～ 2019 年，中国气候风险指数总体呈升高趋势，且阶段性变化明显。20 世纪 90 年代初以来气候风险指数明显增高；2019 年，全国综合气候风险指数为 9.6，属强等级；其中高温、台风和干旱风险高，雨涝和低温冰冻风险一般。

1870 ～ 2019 年，全球平均海表温度表现为显著升高趋势，并伴随年代际波动，2000 年之后全球平均海表温度持续偏高。2019 年，全球大部分海域海表温度较常年值偏高，全球平均海表温度为 1870 年以来的第三高值。1951 ～ 2019 年，赤道中东太平洋海表温度有明显的年际变化特征，共发生了 20 次厄尔尼诺事件和 15 次拉尼娜事件；其中，2018 年 9 月开始的厄尔尼诺事件于当年 11 月达到峰值，海表温度正距平中心位于赤道中太平洋日界线附近，并于 2019 年 7 月结束，为一次弱的中部型厄尔尼诺事件。1951 ～ 2019 年，热带印度洋海表温度呈现显著上升趋势。2019 年，热带印度洋年平均海表温度与 1998 年并列成为 1951 年以来第三高值；秋季，热带印度洋偶极子指数为 1951 年以来历史同期第二高值。

1958 ～ 2019 年，全球海洋热含量呈显著增加趋势，且海洋变暖在 20 世纪 90 年代后显著加速。2019 年，全球海洋热含量再创新高，较常年值偏高 22.8×10^{22} J，比 2018 年高出 2.5×10^{22} J，为有现代海洋观测以来的最高值。2019 年，全球大部分海域热含量较常年值偏高，南大洋（30°S 以南）和大西洋（30°S ～ 40°N）是偏高最为明显的海区。

气候变暖背景下，全球平均海平面呈加速上升趋势，上升速率从 1901 ～ 1990 年的 1.4 mm/a，增加至 1993 ～ 2019 年的 3.2 mm/a；2019 年，为有卫星观测记录以来的最高值。1980 ～ 2019 年，中国沿海海平面变化总体呈波动上升趋势，上升速率为 3.4 mm /a，高于同期全球平均水平。2019 年，中国沿海海平面为 1980 年以来的第三高值，较 1993 ～ 2011 年平均值高 72 mm，较 2018 年升高 24 mm；渤海、黄海、东海和南海沿海海平面较 1993 ～ 2011 年平均值分别高 74 mm、48 mm、88 mm 和 77 mm。

1961 ～ 2019 年，中国地表水资源量年际变化明显，20 世纪 90 年代以偏多为主，2003 ～ 2013 年总体偏少，2015 年以来地表水资源量转为以偏多为主。2019 年，中国地表水资源量较常年值偏少 2.0%，十大流域中松花江、西北内陆河和东南诸河流域分别较常年值偏多 31.5%、9.3% 和 8.6%；淮河、西南诸河和海河流域分别较常年值偏少 23.9%、19.1% 和 12.8%。1961 ～ 2004 年，青海湖水位呈显著下降趋势；2005 年以来，青海湖水位连续 15 年回升，累计上升 3.10 m；2019 年，青海湖水位为 3195.97 m，已接近 20 世纪 60 年代初期的水位。

1960 ～ 2019 年，全球山地冰川整体处于消融退缩状态；1985 年以来山地冰川消融加速；2019 年，全球冰川总体处于物质高亏损状态，参照冰川平均物质平衡量达到 –1131 mm，为 1960 年以来冰川消融最为强烈的年份。中国天山乌鲁木齐河源 1 号冰川、阿尔泰山区木斯岛冰川和长江源区小冬克玛底冰川均呈加速消融趋势，2019 年冰川物质平衡量分别为 –272 mm、–310 mm 和 –265 mm，物质损失量均低于全球参照冰川平均水平。2019 年，天山乌鲁木齐河源 1 号冰川东、西支末端分别退缩 9.3 m 和 4.9 m，其中东支退缩速率继 2018 年后再次创下新的观测纪录；阿尔泰山区木斯岛冰川末端退缩 7.6 m；长江源区大、小冬克玛底冰川末端分别退缩 7.7 m 和 6.7 m。1981 ～ 2019 年，青藏公路沿线多年冻土区活动层厚度呈显著增加趋势；2004 ～ 2019 年，活动层底部温度呈显著上升趋势，多年冻土退化明显；2019 年，青藏公路沿线多年冻土区平均活动层厚度为 243 cm，为有观测记录以来的第二高值。2002 ～ 2019 年，中国主要积雪区积雪覆盖率总体呈弱的下降趋势，年际振荡明显；2019 年，东北及中北部积雪区积雪覆盖率为 2002 年以来的最低值，而青藏高原积雪区积雪覆盖率为 2002 年以来的最高值。

1979 ～ 2019 年，北极海冰范围呈显著减小趋势，3 月和 9 月海冰范围平均每 10 年分别减少 2.7% 和 12.9%；2019 年，3 月和 9 月北极海冰范围较常年值分别偏小 5.7% 和 32.6%，其中 9 月海冰范围为有卫星观测记录以来的第三低值。1979 ～ 2019 年，南极海冰范围无显著的线性变化趋势；1979 ～ 2015 年，南极海冰范围波动上升；但 2016 年以来海冰范围持续偏小。2019 年，9 月和 2 月南极海冰范围较常年值分别偏小 1.4% 和 13.4%。2018/2019 年冬季，渤海海冰初冰日出现于 2018 年 12 月上旬，融退于 2019 年 2 月中旬，海冰主要出现于辽东湾，冰情属轻冰年份。

1961 ～ 2019 年，中国年平均地表温度呈显著上升趋势；2019 年，中国平均地表温度较常年值偏高 1.4℃，为 1961 年以来的最高值。1993 ～ 2019 年，中国不同深度（10 cm、20 cm 和 50 cm）年平均土壤相对湿度总体均呈增加趋势；2019 年，10 cm、20 cm 和 50 cm 深度平均土壤相对湿度分别为 72%、76% 和 79%。

2000 ～ 2019 年，中国年平均归一化差植被指数（normalized difference vegetation index，NDVI）呈显著上升趋势，全国整体的植被覆盖稳定增加，呈现变绿趋势；2019 年，中国平均 NDVI 为 0.373，较 2000 ～ 2018 年平均值上升 5.7%；2015 ～ 2019 年为 2000 年以来植被覆盖度最高的五年。1963 ～ 2019 年，中国不同地区代表性植物春季物候期均呈显著的提前趋势，秋季物候期年际波动较大；2019 年，桂林站枫香树展叶期始期偏早 20 天，为有观测记录以来最早。2007 ～ 2019 年，寿县国家气候观象台农田生态系统主要表现为二氧化碳（CO_2）净吸收；2019 年，受严重的伏秋连旱影响，二氧化碳通量为 –2.49 kg/(m^2 • a)，净吸收有所下降。

2005 ～ 2019 年，石羊河流域荒漠面积呈减小趋势，沙漠边缘外延速度总体趋稳。2000 ～ 2019 年，广西石漠化区秋季 NDVI 呈显著的增加趋势，区域生态状况趋于好转。

1961 ～ 2019 年，中国陆地表面平均接收到的年总辐射量趋于减少；2019 年，中国平均年总辐射量为 1464.8 kW • h/m^2，较常年值偏少 8.6 kW • h/m^2；广西中南部、四川中东部、青藏高原中东部和西北地区东南部年总辐射量偏低超过 5%，东北地区大部、内蒙古东北部和云南中东部偏高 5% 以上。

1990 ～ 2018 年，中国青海瓦里关全球大气本底站大气二氧化碳浓度逐年稳定上升；2018 年，该站大气二氧化碳、甲烷（CH_4）和氧化亚氮（N_2O）的年平均浓度分别达到 409.4±0.3 ppm[①]、1923±2 ppb[②]和 331.4±0.1 ppb，与北半球中纬度地区平均浓度大体相当，均略高于 2018 年全球平均值。2004 ～ 2014 年，北京上甸子、浙江临安和黑龙江龙凤山区域大气本底站气溶胶光学厚度（AOD）年平均值波动增加；2015 ～ 2019 年均呈明显降低趋势。

---

① ppm，干空气中每百万（10^6）个气体分子中所含的该种气体分子数。
② ppb，干空气中每十亿（10^9）个气体分子中所含的该种气体分子数。

Summary

The global warming is further continuing, as can be seen from the integrated observations and multiple key indicators of the climate system. In 2019, the global annual mean temperature was approximately 1.1 ℃ above the pre-industrial period, making this year the second warmest one since complete meteorological observation records began. The past five years (2015-2019) stood out as the warmest ones in the historical record of modern meteorological observation. The Asian annual mean land surface air temperature was 0.87℃ higher than normal (with 1981-2010 taken as a reference period here) in 2019, the second warmest year since 1901. The Asian monsoon system has since the 1960s turned out very inter-decadally variable. In 2019, the East Asian winter monsoon was strong in intensity while the summer monsoon close to normal and the South Asian winter monsoon weak. In the summer, the western North Pacific subtropical high was large and strong, with the western end of the ridge being westward.

During 1901-2019, China witnessed a significantly increased annual mean surface air temperature, with the past two decades being the warmest period since the beginning of the 20th century. 2019 was one of the ten warmest years since 1901, with the temperature in most parts of the country being higher than normal. During 1961-2019, the regional annual mean surface air temperature in China was on the rise, differing remarkably by region. The northern China was warming apparently faster than the southern, while the western faster than the eastern, with the fastest warming found in the Qinghai-Xizang region. During the same period, the air temperature over China looked significantly upward in the troposphere while downward in the lower stratosphere (100 hPa). In 2019, the average temperature in the lower troposphere (850 hPa) ranked second highest since 1961.

During 1961-2019, the annual precipitation averaged over China showed a slight increase, a trend significantly characterized with an inter-decadal variation. In the 1980s and 1990s, China had above-normal precipitation, while in the first decade of this century, generally below-normal, and above-normal again since 2012. During 1961-2019, China saw significantly decreased rainy days, while increased accumulated annual rainstorm ones. In 2019, the annual precipitation averaged over China was 645.5 mm, 2.5% above normal. Most parts of the northern China saw above-normal precipitation while the central and western Huanghuai, most of Jianghuai, most of Jianghan, and the central and southern Yunnan below-normal.

During 1961-2019, China noticeably differed in the changing regional average precipitation, with Qinghai-Xizang becoming much wetter while the Southwest China drier, the rest of the country, which reported no linear trend, experiencing inter-decadal fluctuations. Since the beginning of the 21st century, the average annual precipitation has fluctuated upward in the Northwest China, Northeast China and North China, with an increased inter-annual fluctuation found in the Northeast China and East China, and an abnormally high precipitation continuously in Qinghai-Xizang from 2016 to 2019.

During 1961-2019, China registered no significant increase or decrease in average relative humidity and total cloud cover, a trend characterized with no more than an episodic fluctuation. During the early 1960s to mid-1990s, a decrease in total cloud cover was reported, with a recurvature occurring in the late 1990s followed by a fluctuating increase. In 2019, the average relative humidity and total cloud cover were both higher than normal. During 1961-2019, China reported a decrease in average wind speed and sunshine duration, with the former slightly increasing from 2015 to 2019. During the same period, China registered a significant increase in ≥ 10 ℃ active accumulated temperature, which, in 2019, was significantly more than normal, ranking third highest since 1961.

During 1961-2019, China had an increasing number of extreme precipitation events and a significantly reduced number of extreme low temperature events. Extreme high temperature events have increased significantly since the mid-1990s. During 1949-2019, the number of typhoons emerging in the western North Pacific and the South China Sea tended to decrease. However, the typhoons landing in China since the late 1990s experienced a fluctuating enhancement in mean intensity. In 2019, the western North Pacific and the South China Sea formed 29 typhoons, of which 6 made landfall in China with a weaker mean intensity than normal. However, the super typhoon "Lichma" ranked among the five strongest typhoons that have landed in China since 1949. Furthermore, it moved slowly after landing, staying long enough on land with strong winds and heavy rains that caused a widespread impact. During 1961-2019, the northern China reported a significantly decreasing number of sand-dust days. During 1992-2019, China saw a weakening and decreasing trend for acid rain in general. In 2019, the national average precipitation pH was 5.96 with an average severe acid rain frequency of 3.0%, the lowest since 1992 as tied with 2018. During 1961-2019, China's climate risk index looked generally upward with an obvious episodic variation. Since the early 1990s, the climate risk index has increased significantly. In 2019, the high risks of heat, typhoon and drought , and the low risks of rain-waterlogging and low temperature contributed to a national comprehensive climate risk index of 9.6, which was classified as strong.

During 1870-2019, the global mean sea surface temperature (SST) showed a significant increase, featuring inter-decadal change, with sustained high global mean SST since 2000. In 2019, the SSTs in most of the world's waters were higher than normal, making the third highest global mean SST since 1870. During 1951-2019, SSTs in the central and eastern equatorial Pacific showed an obvious inter-annual variation, and a total of 20 El Niño and 15 La Niña events were monitored, one of which began in September 2018 and peaked in November of the year, with the positive SST anomaly centered near the date line in the central-equatorial Pacific, and ended in July 2019 as a weak central Pacific El Niño event. Between 1951 and 2019, SST in the tropical Indian Ocean showed a significant increase. In 2019, the annual mean SST in the tropical Indian Ocean was tied with 1998 as the third highest since 1951; the tropical Indian Ocean Dipole index in the autumn was the second highest in the same period since 1951.

During 1958-2019, the global ocean heat content (OHC) showed a significant increase, with ocean warming accelerating significantly since 1990s. In 2019, global OHC set a new record, which is the highest in modern ocean observations, 22.8×10^{22} J higher than normal and 2.5×10^{22} J higher than that in 2018. In 2019, the OHCs in most of the world's waters were higher than normal, with the Southern Ocean (south of 30°S) and the Atlantic (30°S-40°N) being most significant in this connection.

In the context of climate warming, the global mean sea-level (GMSL) rise accelerated from 1.4 mm/a during 1901-1990 to 3.2 mm/a during 1993-2019, with the highest registered on satellite record in 2019. During 1980-2019, the sea level along China's coast experienced a fluctuating rise at 3.4 mm/a, higher than the global average in the same period. In 2019, the sea level along China's coast was 72 mm higher than the average for the period of 1993-2011, and 24mm higher than that in 2018, the third highest since 1980; the coastal sea levels in the Bohai Sea, Yellow Sea, East China Sea and South China Sea were 74 mm, 48 mm, 88 mm and 77 mm higher than that between 1993 and 2011, respectively.

During 1961-2019, China experienced an obvious inter-annual variation in surface water resources, which were mostly more than normal in the 1990s and generally less than normal from 2003 to 2013, and mostly more than normal again since 2015. In 2019, China registered 2.0% less than normal in surface water resources. Among the ten major rivers in China, Songhuajiang River, inland rivers in the northwestern China and rivers in the southeastern China were 31.5%, 9.3% and 8.6% higher than normal, respectively, while Huaihe River, rivers in the southwestern China and Haihe River 23.9%, 19.1% and 12.8% less than normal. During 1961-2004, Qinghai Lake witnessed a significant decline in water level, which has risen again by 3.10 m altogether for successive 15 years since 2005. In 2019, it had a water level of 3195.97 m, which was close to that in the early 1960s.

Between 1960 and 2019, the global mountain glaciers were in the state of ablation and retreat, the former of which has accelerated since 1985. In 2019, the global glaciers were overall suffering high mass loss, with –1131mm of mean mass balance of reference glaciers registered, hence a year of the strongest glacier ablation since 1960. The accelerated ablations were seen in Glacier No.1 at the headwaters of Urumqi River in Tianshan Mountain, Muz Taw Glacier in the Altai Mountains and Xiao Dongkemadi Glacier in the source region of the Yangtze River, and their mass balance in 2019 were –272 mm, –310 mm and –265 mm respectively, all of which were lower than the mean mass balance of reference glaciers. In 2019, the retreat was 9.3 m and 4.9 m respectively at the ends of the east and west branches of Glacier No.1, with a new record of retreat rate set at the east branch following the 2018 one; 7.6m at the end of the Muz Taw Glacier; 7.7 m and 6.7 m respectively at the ends of Da Dongkemadi and Xiao Dongkemadi Glaciers. During 1981-2019, the permafrost zone along the Qinghai-Xizang highway experienced a significant increase in active layer thickness; during 2004-2019, prominent warming was observed at the bottom of the active layer, with a significant permafrost degradation; in 2019, the mean active layer thickness of permafrost zone along the Qinghai-Xizang highway was 243 cm, which was the second highest on record. During 2002-2019, the snow cover fraction in the major snow-covered regions in China decreased generally and mildly, with an obvious inter-annual fluctuation, and that in the northeastern and north-central China in 2019 was the lowest since 2002, while that in the Qinghai-Xizang Plateau the highest.

The period of 1979-2019 witnessed a significantly reduced Arctic sea ice extent, with the March and September sea ice extent decreasing by 2.7% and 12.9% per decade respectively. In 2019, the March and September Arctic sea ice extent was 5.7% and 32.6% less than normal, respectively, with the September one being the third lowest on satellite record. During 1979-2019, the Antarctic sea ice extent showed no significant linear change, while during 1979-2015, it saw a fluctuating expansion, remaining small since 2016. In 2019, the September and February Antarctic sea ice extent was 1.4% and 13.4% less than normal, respectively. In 2018/2019 winter, the first freezing date in Bohai Sea appeared in the early December 2018, the break-up date in mid-February 2019, with sea ice mainly found in Liaodong Gulf, hence a year of light icing.

During 1961-2019, China witnessed a significantly increased annual mean land surface temperature; the 2019 mean land surface temperature in China was 1.4℃ higher than normal, the highest since 1961. During 1993-2019, China reported a general increase in the annual mean relative soil moisture at different depths (10 cm, 20 cm and 50 cm), which were 72%, 76% and 79% respectively in 2019.

During 2000-2019, China saw a significant increase in the normalized difference vegetation index (NDVI) and a steady increase in the overall vegetation coverage as a greening trend; in 2019, China's NDVI was 0.373, 5.7% higher than the average for 2000-2018; 2015-2019 is the five-year period with highest vegetation coverage since 2000. During 1963-2019, typical plants in different regions of China saw an earlier phenological period in spring, but a remarkably and inter-annually fluctuating one in autumn; in 2019, the leaf unfolding period of *Liquidambar formosana* in Guilin Station was 20 days earlier, the earliest on record. From

2007 to 2019, the farmland ecosystem at the national climate observatory in Shou County was mainly featured with net CO_2 uptake; in 2019, CO_2 flux was –2.49 kg/(m^2 • a) due to the severe successive drought in summer and autumn, with decreased net uptake.

During 2005-2019, the Shiyang River Basin witnessed a shrinking desert area, the peripheral expansion of which was generally slowing down. During 2000-2019, Guangxi experienced a significantly increased autumn vegetation coverage in the rockification area and an improved regional ecological environment.

During 1961-2019, the annual mean total solar radiation received at land surface over China decreased; in 2019, it stood at 1464.8 kW • h/m^2, 8.6 kW • h/m^2 less than normal. The annual total solar radiation was over 5% less than normal in south-central Guangxi, east-central Sichuan, east-central Qinghai-Xizang Plateau and southeastern Northwest China, while 5% or above higher than normal in much of the Northeast China, northeastern Inner-Mongolia and east-central Yunnan.

During 1990-2018, the atmospheric CO_2 concentration observed at the Waliguan atmospheric background station in China, climbed steadily year by year; in 2018, the annual mean concentration of CO_2, methane (CH_4) and nitrous oxide (N_2O) stood at 409.4±0.3 ppm[①], 1923±2 ppb[②] and 331.4±0.1 ppb, respectively, comparable with that in mid-latitudes of the Northern Hemisphere, which were all slightly higher than the 2018 global average. Shangdianzi in Beijing, Lin'an in Zhejiang and Longfengshan in Heilongjiang—three atmospheric background station—reported a fluctuating increase in annual mean aerosol optical thickness (AOD) from 2004 to 2014, while a significant decline from 2015 to 2019.

---

① ppm = the number of molecules of the gas per million (10^6) molecules of dry air.
② ppb = the number of molecules of the gas per billion (10^9) molecules of dry air.

第1章 大 气 圈

大气圈既是气候系统中最重要的组成部分，也是气候系统中最不稳定、变化最快的圈层。大气圈不但受到其他四个圈层的直接作用与影响，而且与人类活动有最密切的关系，气候系统中其他圈层变化产生的影响都会反映在大气圈中。大气圈从地表到12 ～ 16 km的部分称为对流层，这是人类活动最集中，也是变化最剧烈的大气层。对流层以上到50 km左右是平流层，这里主要是臭氧层存在的地方。平流层之上是中间层和电离层以及外层空间。大气圈主要通过大气成分及太阳活动和地球反照率变化驱动下的辐射收支变化来影响地球的气候。因而认识气候变化，首先需要借助定量的指标来监测大气圈的长期变化。温度、降水、湿度、风速等基本气候要素及极端天气气候事件监测指标是目前监测气候和气候变化的核心指标，已经在气候变化研究与业务服务中得到广泛应用。此外，表征大气环流变化（如季风、副热带高压、北极涛动等）的一些指标也是监测气候变化的重要指标。

1.1 全球和亚洲温度

1.1.1 全球地表平均温度

根据世界气象组织（World Meteorological Organization，WMO）发布的《2019年全球气候状况声明》，2019年全球平均温度较工业化前水平（1850 ～ 1900年平均值）高出约1.1℃，位列2016年之后，为有完整气象观测记录以来的第二暖年份（WMO，2020）。过去五年（2015 ～ 2019年），是有完整气象观测记录以来最暖的五个年份；20世纪80年代以来，每个连续十年都比前一个十年更暖。长序列观测资料和再分析数据集综合分析表明：全球变暖趋势进一步持续（图1.1）。

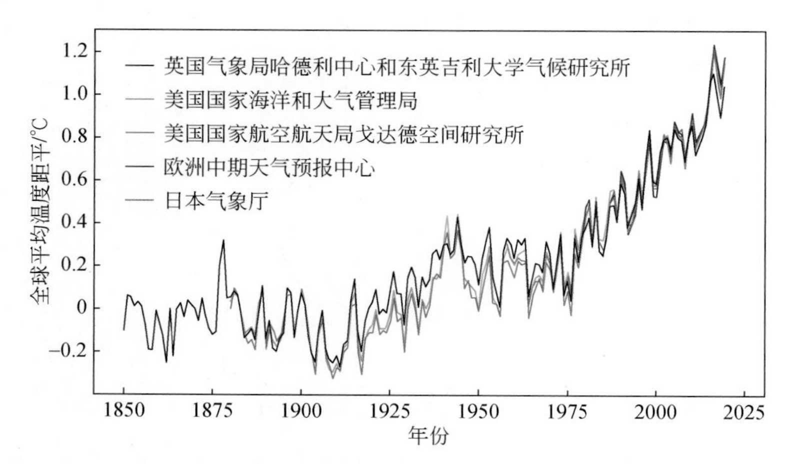

图 1.1　1850 ～ 2019 年全球平均温度距平（相对于 1850 ～ 1900 年平均值）

根据《2019 年全球气候状况声明》改绘

Figure 1.1　Global annual mean temperature anomalies from 1850 to 2019 (relative to 1850-1900)

Modified from *Statement on the State of the Global Climate in 2019*

1.1.2　亚洲陆地表面平均气温

1901 ～ 2019 年，亚洲陆地表面年平均气温总体呈明显上升趋势，20 世纪 60 年代末以来，升温趋势尤其显著（图 1.2）。1901 ～ 2019 年，亚洲陆地表面平均气温上升了 1.65℃。1951 ～ 2019 年，亚洲陆地表面平均气温呈显著上升趋势，速率为 0.23℃ /10a。2019 年，亚洲陆地表面平均气温比常年值偏高 0.87℃，接近于最暖年 2016 年，是 1901 年以来的第二暖年。

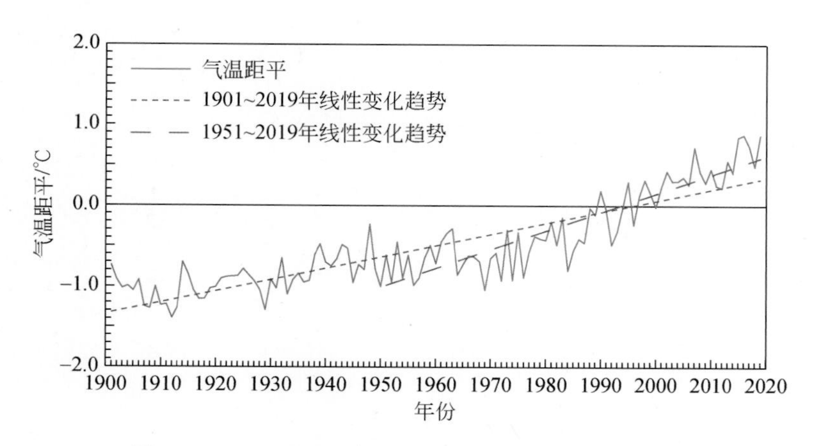

图 1.2　1901 ～ 2019 年亚洲陆地表面年平均气温距平

Figure 1.2　Annual mean land surface air temperature anomalies over Asia from 1901 to 2019

1.2 大气环流

1.2.1 东亚季风

中国处于东亚季风区，天气气候受到东亚季风活动的影响。东亚冬季主要盛行偏北风气流，夏季则以偏南风气流为主。1961 ～ 2019 年，东亚夏季风强度总体上呈现减弱趋势，并表现出“强—弱—强”的年代际波动特征［图 1.3（a）］。20 世纪 60 年代初期至 70 年代后期，东亚夏季风持续偏强；70 年代末期到 21 世纪初，东亚夏季风在

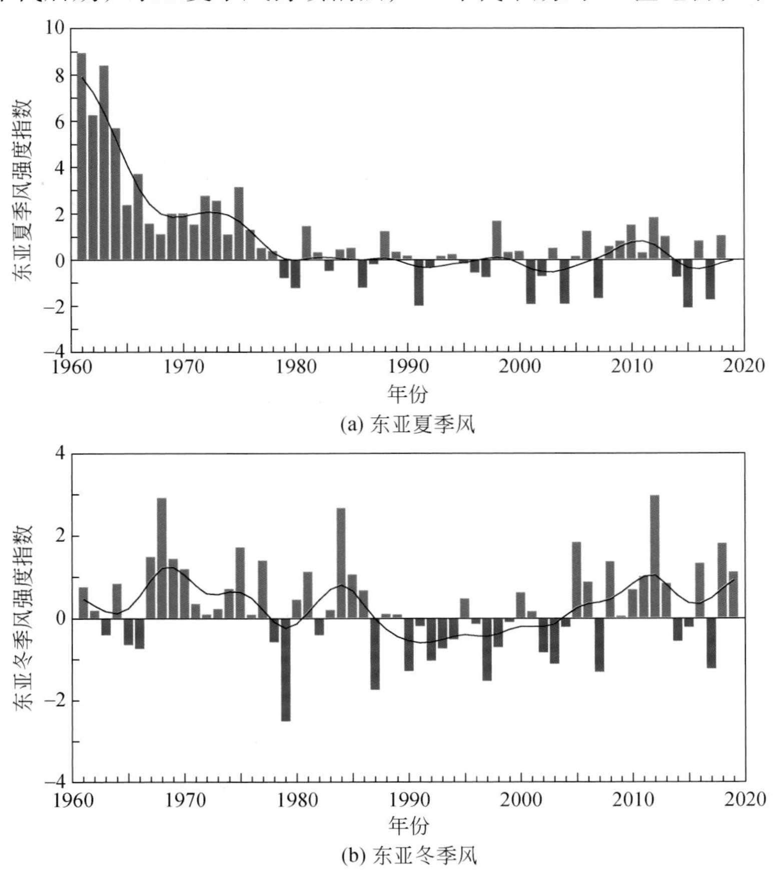

图 1.3　1961 ～ 2019 年东亚夏季风和冬季风强度指数

粗黑线为低频滤波值曲线，即去除 10 年以下时间尺度变化的年代际波动，下同

Figure 1.3　Variation of (a) the East Asian summer monsoon and (b) winter monsoon indices from 1961 to 2019

Coarse black lines represent the low-frequency filter curves obtained by removing the inter-annual temporal variations under 10 years, the same below

年代际时间尺度上总体呈现偏弱特征，之后开始增强。2019 年，东亚夏季风强度指数为 –0.02（施能等，1996），强度接近常年。

1961 ～ 2019 年，东亚冬季风同样表现出显著的年代际变化特征［图 1.3（b）］。20 世纪 80 年代中期以前，东亚冬季风主要表现为偏强的特征；而 1987 ～ 2004 年东亚冬季风明显减弱；2005 年以来呈波动性增强。2019 年，东亚冬季风强度指数为 1.11（朱艳峰，2008），强度偏强。

1.2.2 南亚季风

1961 ～ 2019 年，南亚夏季风强度总体表现出减弱趋势，且年代际变化特征明显（图 1.4）。20 世纪 60 ～ 80 年代中期，南亚夏季风主要表现为偏强特征； 80 年代后期至 21 世纪最初十年南亚夏季风呈减弱趋势；2011 年以来，南亚夏季风开始转为增强趋势。2019 年，南亚夏季风强度指数为 –1.81（Webster and Yang, 1992），强度偏弱。

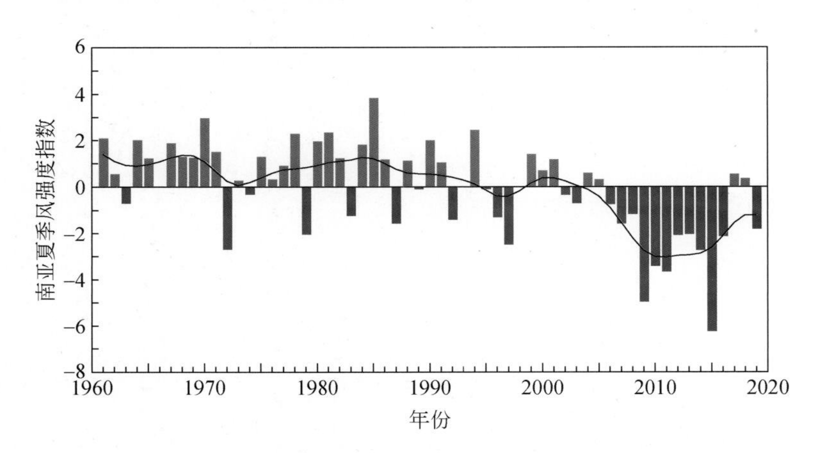

图 1.4　1961 ～ 2019 年南亚夏季风强度指数

Figure 1.4　Variation of the South Asian summer monsoon index from 1961 to 2019

1.2.3 西北太平洋副热带高压

西北太平洋副热带高压是东亚大气环流的重要成员之一，其活动具有显著的年际和年代际变化特征，直接影响中国天气和气候变化（龚道溢和何学兆，2002）。1961 ～ 2019 年，夏季西北太平洋副热带高压总体上呈现面积增大、强度增强、位置西扩（指数为负值）的趋势（图 1.5）。20 世纪 60 年代初期至 70 年代末期，西北太平洋副热带高压面积偏小、强度偏弱、西伸脊点位置偏东；20 世纪 80 年代初期至 21 世纪初期，主要表现为年际波动；2005 年以来，西北太平洋副热带高压总体处于强度偏强、面积偏大和西伸脊点位置偏西的年代际背景下。2019 年，夏季西北太平洋副热带高压面积偏大、强度偏强、西伸脊点位置偏西。

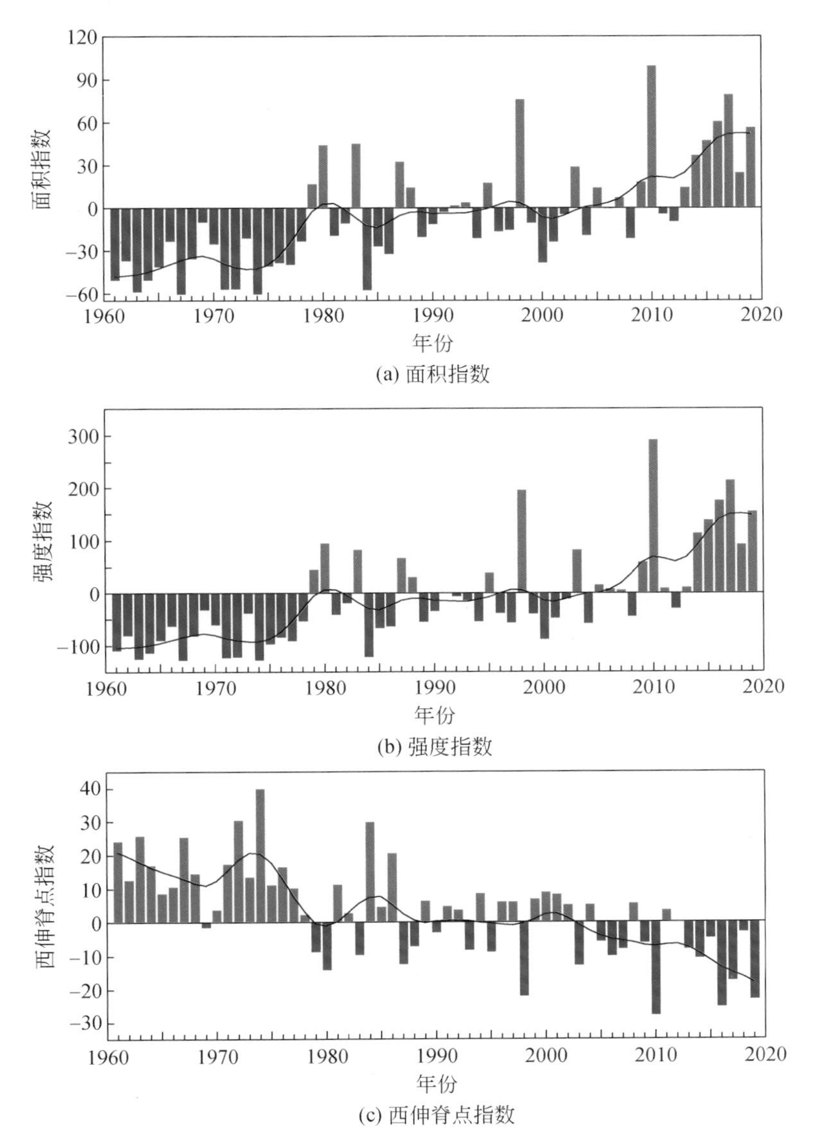

图 1.5 1961 ～ 2019 年夏季西北太平洋副热带高压面积指数、强度指数和西伸脊点指数距平

Figure 1.5 Western North Pacific subtropical high (a) area index, (b) intensity index and (c) western ridge point index anomalies in the summers of 1961 to 2019

1.2.4 北极涛动

北极涛动（Arctic Oscillation，AO）是北半球中纬度和高纬度地区平均气压此

消彼长的一种现象（Thompson and Wallace, 1998），其对北半球中高纬度地区的天气和气候具有重要影响，尤以对冬季影响最为显著。1961 ～ 2019 年，冬季北极涛动指数年代际波动特征明显（图 1.6），20 世纪 60 年代初期至 80 年代后期，北极涛动指数总体处于负位相阶段，而 80 年代末期至 90 年代中期，总体以正位相为主；90 年代后期以来，总体表现出负位相特征，但年际变率较大。2019 年，冬季北极涛动指数为 0.20，接近常年。

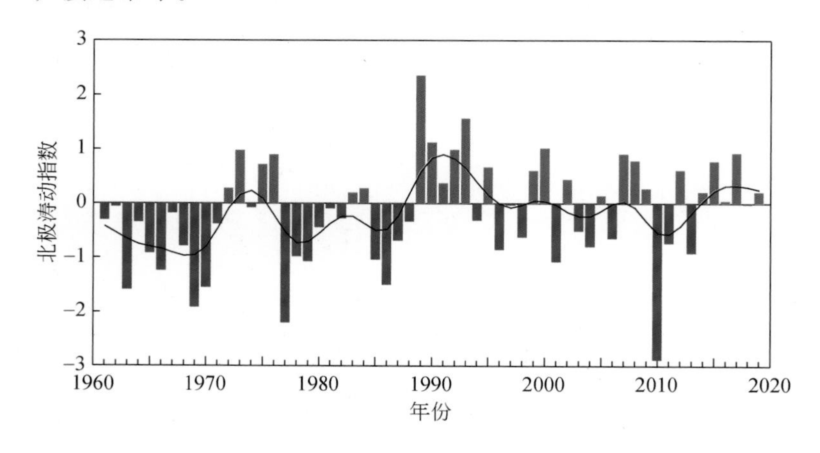

图 1.6　1961 ～ 2019 年冬季北极涛动指数

Figure 1.6　Variation of the Arctic Oscillation index in the winters of 1961-2019

1.3　中国气候要素

1.3.1　地表气温

1901 ～ 2019 年，中国地表年平均气温呈显著上升趋势，并伴随明显的年代际波动，期间中国地表年平均气温上升了 1.27℃（图 1.7）。1951 ～ 2019 年，中国地表年平均气温呈显著上升趋势，增温速率为 0.24℃ /10a。近 20 年是 20 世纪初以来的最暖时期，2019 年全国平均气温较常年值偏高 0.69℃，为 1901 年以来十个最暖年份之一。

1901 ～ 2019 年，北京南郊观象台地表年平均气温呈显著升高趋势，升温速率为 0.13℃ /10a。20 世纪 60 年代末期以来，升温趋势尤其显著，20 世纪 90 年代初期至今为偏暖阶段。1901 ～ 2019 年，北京南郊观象台地表年平均气温上升了 1.63℃，高于相同时段中国年平均气温的增温幅度。2019 年，北京南郊观象台地表平均气温为 13.9℃，较常年值偏高 1.0℃［图 1.8（a）］。

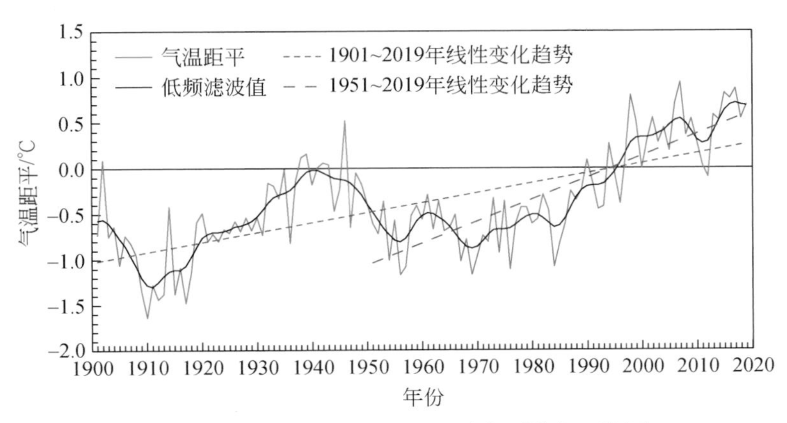

图 1.7 1901 ~ 2019 年中国地表年平均气温距平

Figure 1.7 Annual mean surface air temperature anomalies over China from 1901 to 2019

1909 ~ 2019 年，哈尔滨气象观测站地表年平均气温呈显著升高趋势［图 1.8（b）］。20 世纪 90 年代初期至今为偏暖阶段，40 年代以前和 50 年代初期至 80 年代末期为偏冷阶段（1943 ~ 1948 年无观测数据）。1909 ~ 2019 年，哈尔滨气象观测站年平均气温上升了 2.52℃，明显高于相同时段中国年平均气温的升温幅度。2019 年，哈尔滨气象观测站年平均气温较常年值偏高 1.0℃，为近十年的最暖年份。

1901 ~ 2019 年，上海徐家汇观象台年平均气温呈显著上升趋势，升温速率为 0.22℃ /10a［图 1.8（c）］。20 世纪初期至 90 年代初期气温较常年偏低，进入 20 世纪 90 年代中期以来年平均气温持续偏高。1901 ~ 2019 年，上海徐家汇观象台年平均气温升高了 2.63℃，明显高于相同时段中国年平均气温的增温幅度。2019 年，上海徐家汇观象台年平均气温较常年值偏高 1.1℃，连续四年平均气温偏高超过 1℃。

1912 ~ 2019 年，广州气象台年平均气温呈上升趋势，升温速率为 0.15℃ /10a［图 1.8（d）］。20 世纪 90 年代后期至 21 世纪最初十年气温持续偏高，2011 年以来阶段性回落。2019 年，广州气象台年平均气温较常年值偏高 0.5℃。

1901 ~ 2019 年，香港天文台年平均气温呈上升趋势（1940 ~ 1946 年无观测数据），升温速率为 0.13℃ /10a［图 1.8（e）］。1951 ~ 2019 年，年平均气温的上升速度加快，升温速率为 0.17℃ /10a。2019 年，香港天文台年平均气温为 24.5℃，较常年值偏高 1.2℃，为香港天文台有观测记录以来的最高值。

1951 ~ 2019 年，中国地表年平均最高气温呈上升趋势，平均每 10 年升高 0.18℃，低于年平均气温的上升速率［图 1.9（a）］。20 世纪 70 年代后期之前，中国年平均最高气温变化相对稳定，之后呈明显上升趋势。2019 年，中国地表年平均最高气温较常

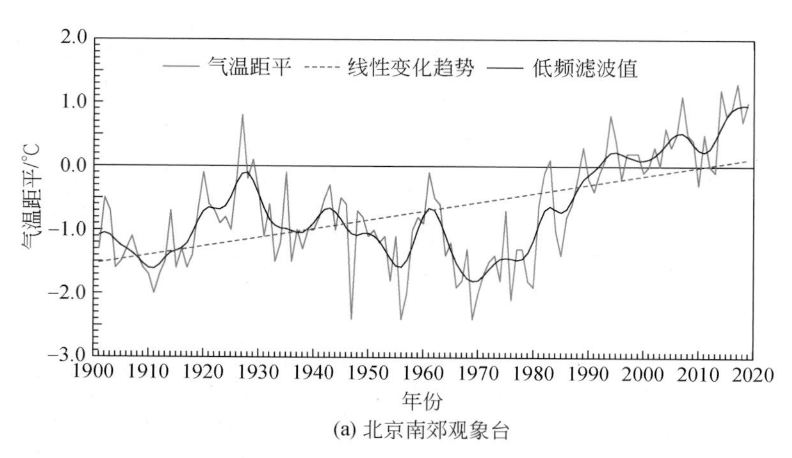

(a) 北京南郊观象台

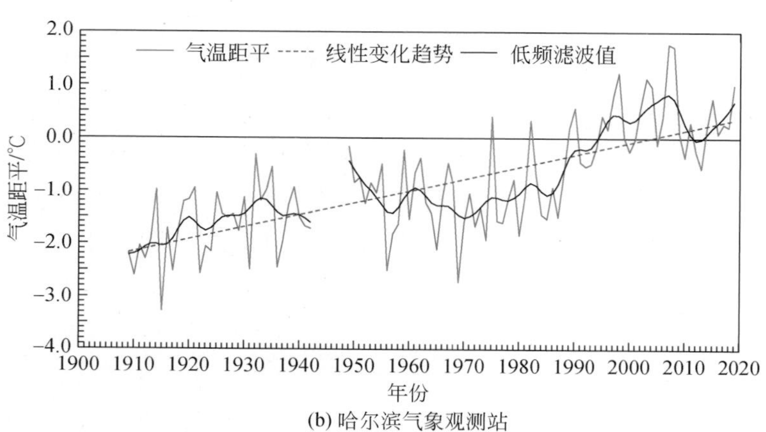

(b) 哈尔滨气象观测站

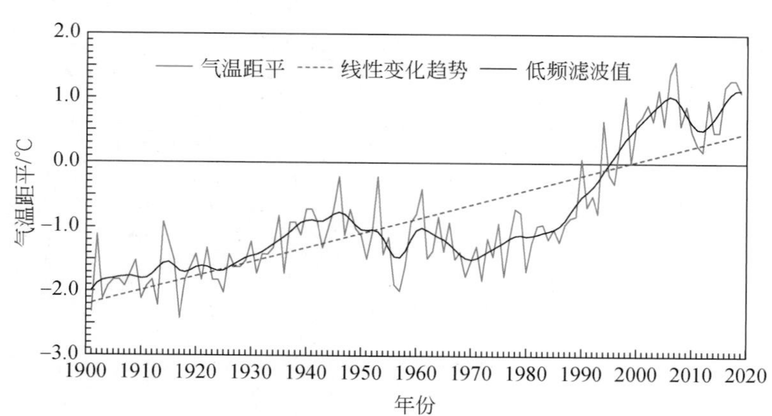

(c) 上海徐家汇观象台

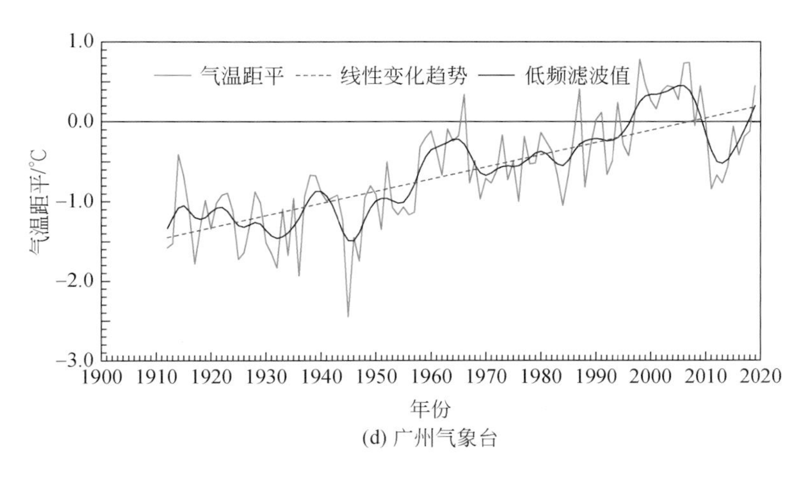

(d) 广州气象台

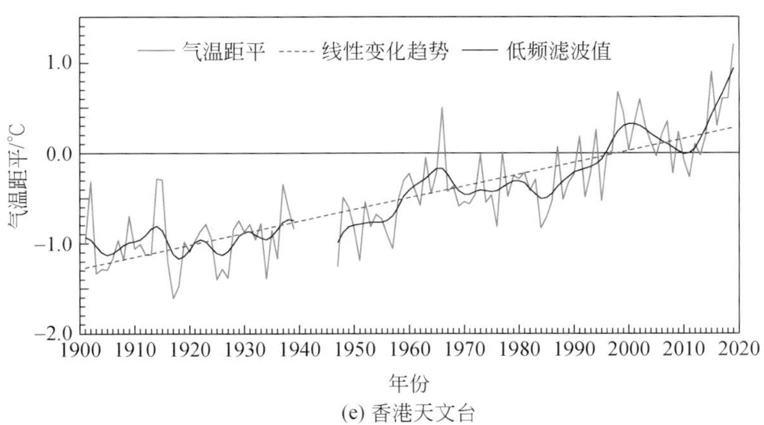

(e) 香港天文台

图 1.8 近百年来北京南郊观象台、哈尔滨气象观测站、上海徐家汇观象台、广州气象台和香港天文台地表年平均气温距平

Figure 1.8 Annual mean surface air temperature anomalies at (a) Beijing Observatory, (b) Harbin Meteorological Observatory, (c) Shanghai Xujiahui Observatory, (d) Guangzhou Meteorological Observatory and (e) Hong Kong Observatory in the last hundred years or so

年值偏高 0.8℃。

1951 ～ 2019 年，中国地表年平均最低气温呈显著上升趋势，平均每 10 年升高 0.32℃，高于年平均气温和最高气温的上升速率［图 1.9（b）］。20 世纪 70 年代初以来，中国年平均最低气温上升趋势尤为明显；2001 年以来，持续高于常年值。2019 年，中国地表年平均最低气温较常年值偏高 0.9℃。

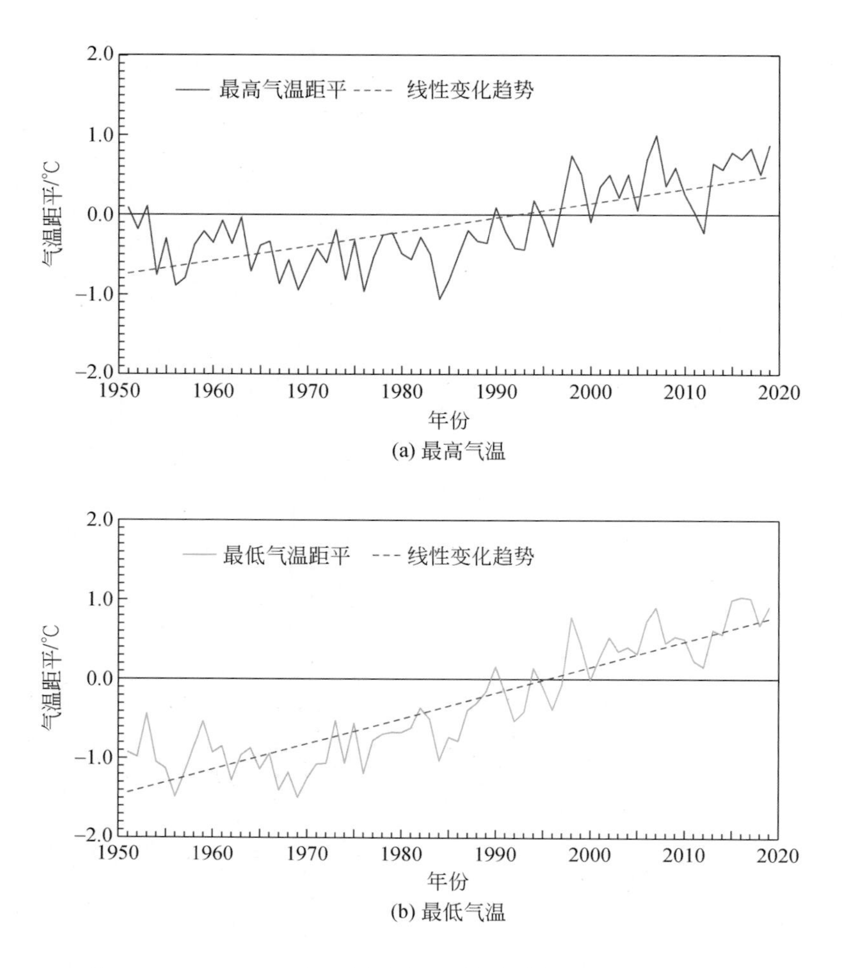

图 1.9　1951 ～ 2019 年中国地表年平均最高气温和最低气温距平

Figure 1.9　Annual mean surface (a) maximum air temperature and (b) minimum air temperature anomalies over China from 1951 to 2019

1961 ～ 2019 年，中国八大区域（华北、东北、华东、华中、华南、西南、西北和青藏地区）地表年平均气温均呈显著上升趋势（图 1.10），但区域间差异明显。青藏地区增温速率最大，平均每 10 年升高 0.37℃；华北、东北和西北地区次之，升温速率依次为 0.33℃ /10a，0.30℃ /10a 和 0.30℃ /10a；华东地区平均每 10 年升高 0.25℃；华中、华南和西南地区升温幅度相对较缓，增温速率依次为 0.19℃ /10a、0.17℃ /10a 和 0.16℃ /10a。2019 年，中国八大区域地表年平均气温均高于常年值；其中东北地区地表年平均气温偏高 1.1℃，为 1961 年以来的第二高值；华南地区地表年平均气温偏高 0.7℃，为 1961 年以来的第三高值。

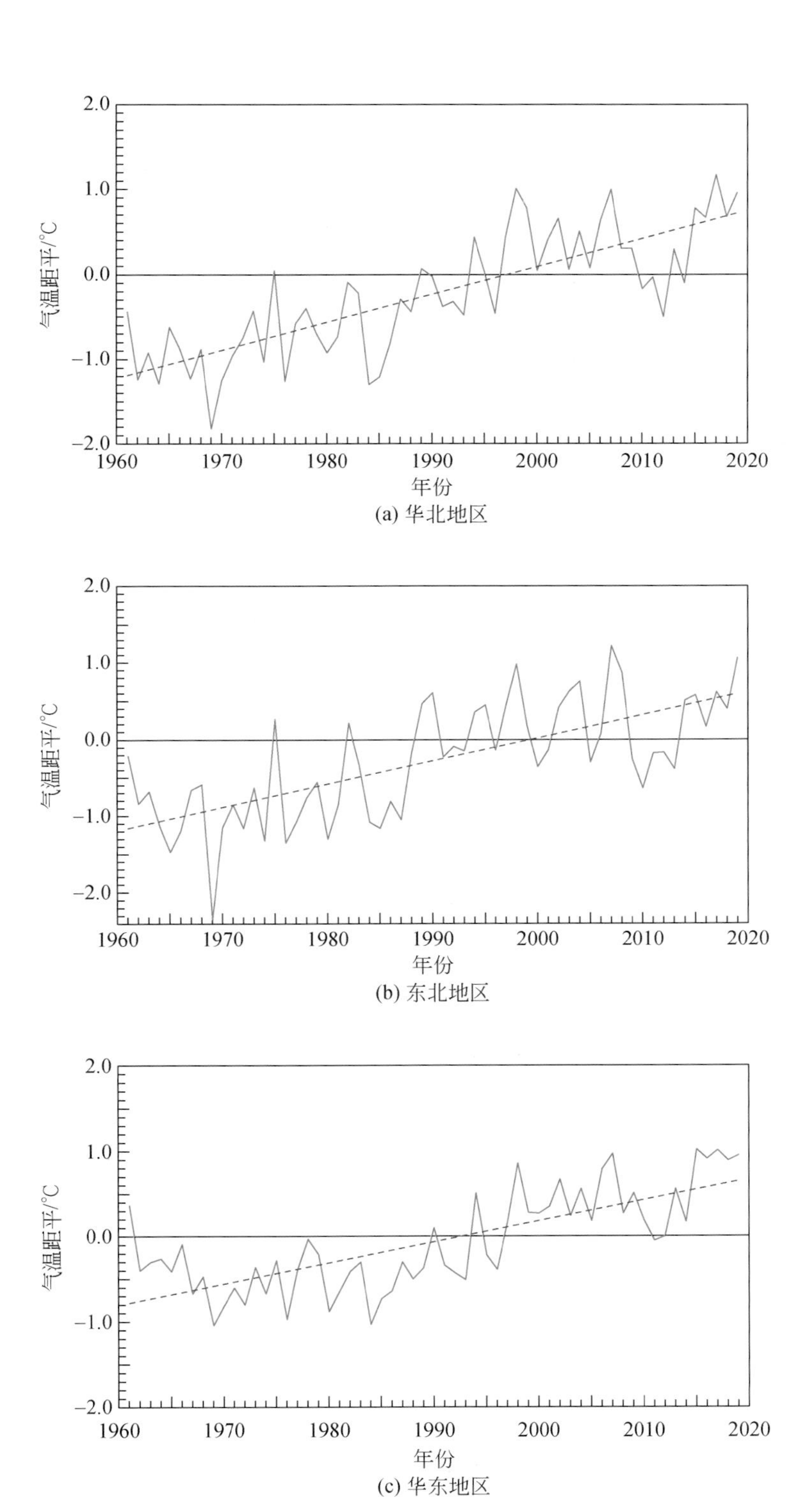

(a) 华北地区

(b) 东北地区

(c) 华东地区

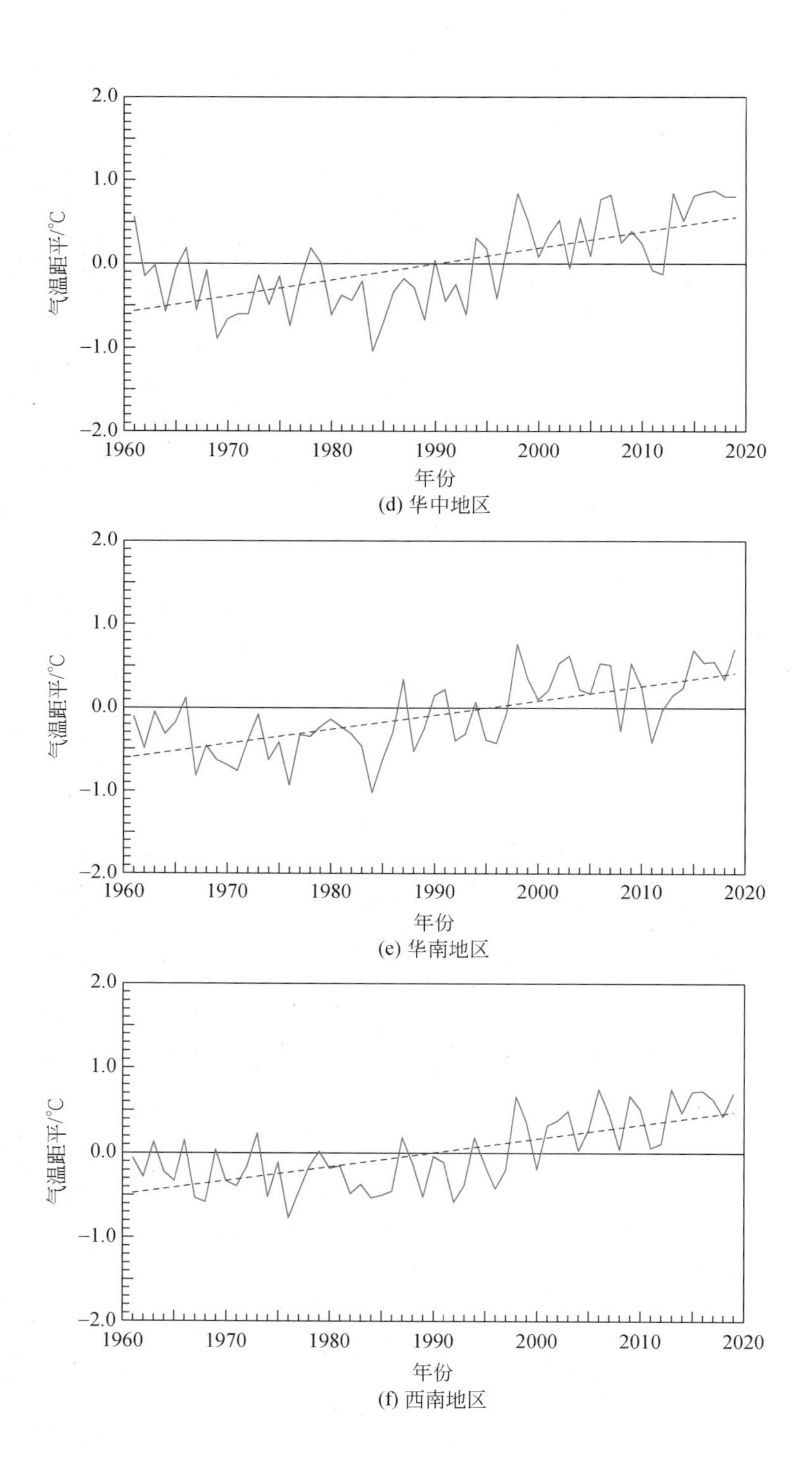

(d) 华中地区

(e) 华南地区

(f) 西南地区

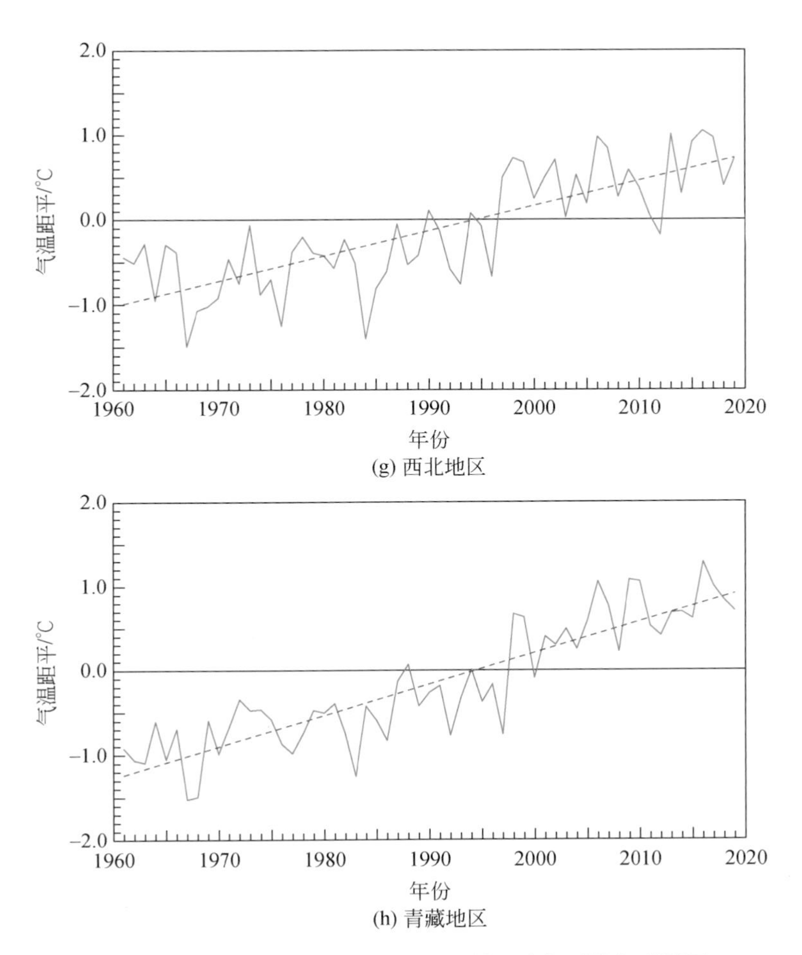

图 1.10 1961 ～ 2019 年中国八大区域地表年平均气温距平

点线为线性变化趋势线

Figure 1.10 Regional averaged surface air temperature anomalies in China from 1961 to 2019

(a) North China; (b) Northeast China; (c) East China; (d) Central China; (e) South China; (f) Southwest China; (g) Northwest China; and (h) Qinghai-Xizang region

The purple dotted lines stand for the linear trend

2019 年，中国大部地区气温接近常年或偏高（图 1.11），东北大部、华北东南部、黄淮大部、内蒙古中东部、新疆东北部、云南中东部、四川东南部、海南大部偏高 1 ～ 2℃；仅湖南、重庆、贵州和新疆的局部地区气温较常年偏低 0 ～ 1℃。

1.3.2 高层大气温度

探空观测资料分析显示，1961 ～ 2019 年，中国上空对流层低层（850 hPa）和上层（300 hPa）年平均气温均呈显著上升趋势（图 1.12），增温速率分别为 0.18℃ /10a 和 0.19℃ /10a；而平流层下层（100 hPa）年平均气温表现为下降趋势，平均每 10 年降低 0.18℃，但 21 世纪初以来，下降趋势变缓。对流层升温和平流层下层降温趋势与全球高层大气温度变化总体相一致（郭艳君和王国复，2019；陈哲和杨溯，2014）。2019 年，中国上空对流层低层和上层平均气温较常年值分别偏高 0.9℃和 0.4℃，其中对流层低层平均气温为 1961 年以来的第二高值（仅次于 1998 年）；平流层下层平均气温接近常年值。

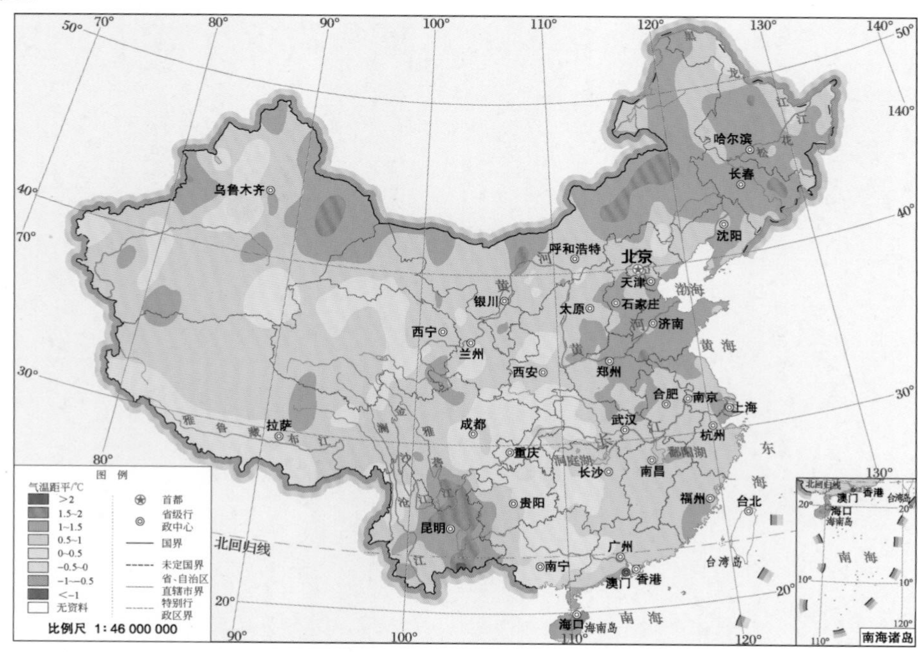

图 1.11 2019 年中国地表年平均气温距平分布

Figure 1.11 Distribution of annual mean surface air temperature anomalies across China in 2019

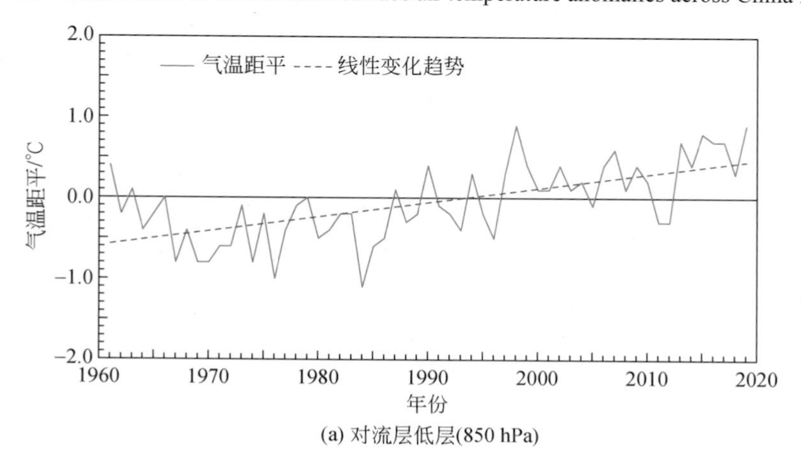

(a) 对流层低层(850 hPa)

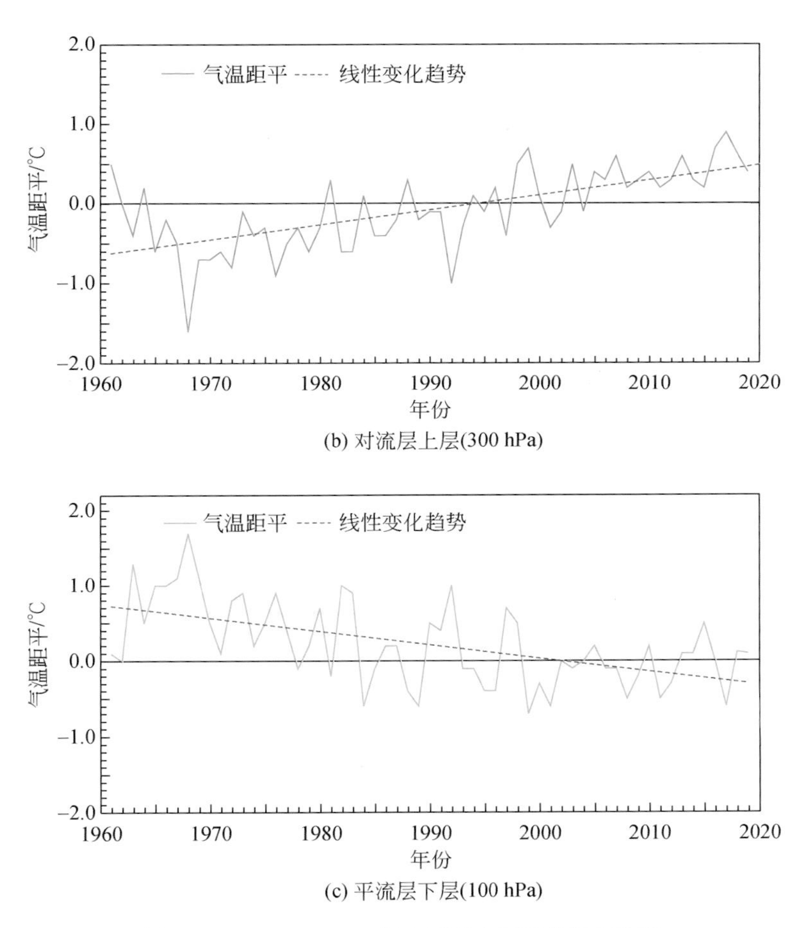

(b) 对流层上层(300 hPa)

(c) 平流层下层(100 hPa)

图 1.12 1961 ～ 2019 年中国高空年平均气温距平

Figure 1.12 Annual mean upper-air temperature anomalies over China from 1961 to 2019

(a) lower troposphere (850hPa); (b) upper troposphere (300hPa); and (c) lower stratosphere (100hPa)

1.3.3 降水

1901 ～ 2019 年，中国平均年降水量无明显趋势性变化，但存在显著的 20 ～ 30 年尺度的年代际振荡，其中 20 世纪 10 年代、30 年代、50 年代和 90 年代降水偏多，20 世纪最初十年、20 年代、40 年代、60 年代降水偏少。1961 ～ 2019 年，中国平均年降水量呈微弱的增加趋势，且年代际变化明显（图 1.13）。20 世纪 80 ～ 90 年代中国平均年降水量以偏多为主，21 世纪最初十年总体偏少，2012 年以来降水持续偏多。2016 年、1998 年和 1973 年是排名前三位的降水高值年，2011 年、1986 年和 2009 年是排名前三位的降水低值年。

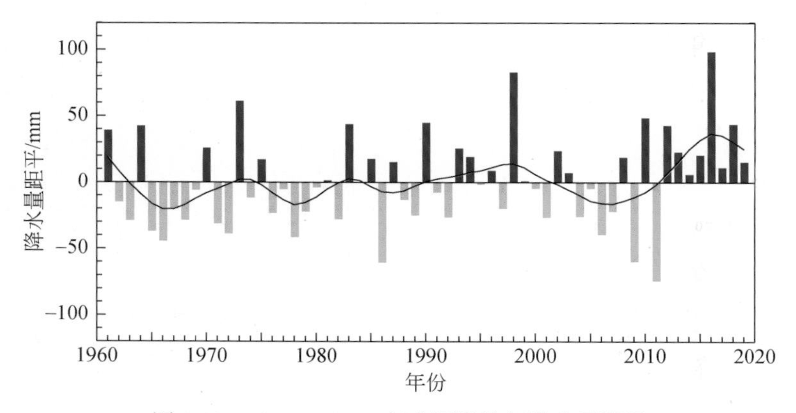

图 1.13　1961 ～ 2019 年中国平均年降水量距平

Figure 1.13　Annual precipitation anomalies averaged over China from 1961 to 2019

2019 年，中国平均降水量为 645.5 mm，较常年值偏多 2.5%。与常年值相比（图 1.14），2019 年中国北方大部分地区降水偏多，南方接近常年或偏少，其中东北地区中部和北部、西北地区中东部及内蒙古西部、浙江东部、四川北部、西藏西部、新疆西南部等地降水量偏多 20% ～ 100%，局地偏多 1 倍以上；黄淮中西部、江淮大部、江汉大部及云南中南部、新疆东部等地偏少 20% ～ 50%。

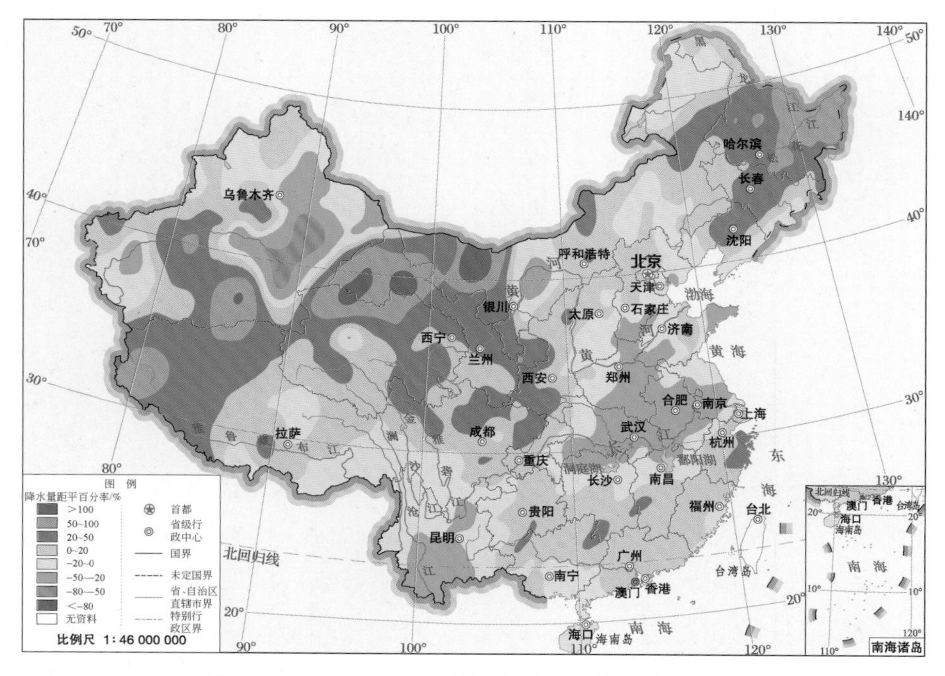

图 1.14　2019 年中国年降水量距平百分率空间分布

Figure 1.14　Distribution of annual precipitation anomaly percentages across China in 2019

1901～2019年，北京南郊观象台年降水量呈弱的减少趋势，并表现出明显的年代际变化特征［图1.15（a）］。20世纪40年代后期至50年代后期、80年代中期至90年代后期降水偏多，90年代末到21世纪最初十年总体处于降水偏少阶段，近十年北京南郊观象台降水年际波动特征明显。2019年，北京南郊观象台年降水量为406.8 mm，较常年值偏少23.5%（125.3 mm）。

1909～2019年，哈尔滨气象观测站年降水量表现出明显的年代际变化特征，其中20世纪10年代、20年代末至30年代和50年代降水偏多（1943～1948年无观测数据），70年代降水偏少，80年代初期至90年代中期降水偏多，21世纪以来降水以偏少为主［图1.15（b）］。2019年，哈尔滨气象观测站年降水量为623.5 mm，较常年值偏多15.9%（85.5 mm）。

1901～2019年，上海徐家汇观象台年降水量呈增多趋势［图1.15（c）］。20世纪70年代以前，年降水量以30～40年的周期波动，之后呈明显增多趋势，且年际波动幅度较大。2019年，上海徐家汇观象台年降水量为1755.9 mm，较常年值偏多

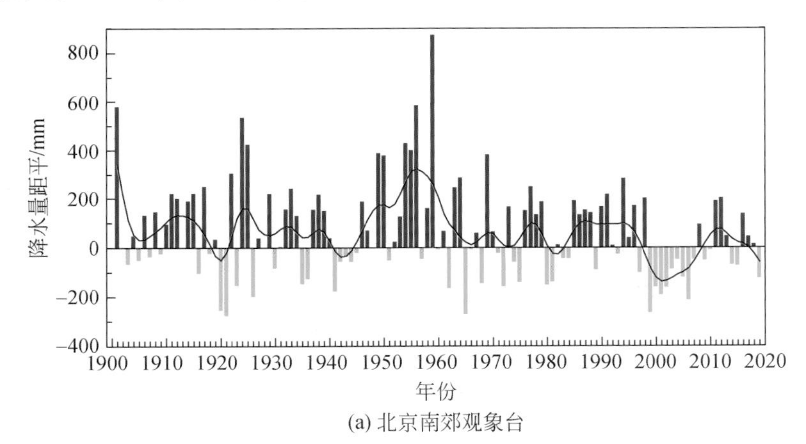

(a) 北京南郊观象台

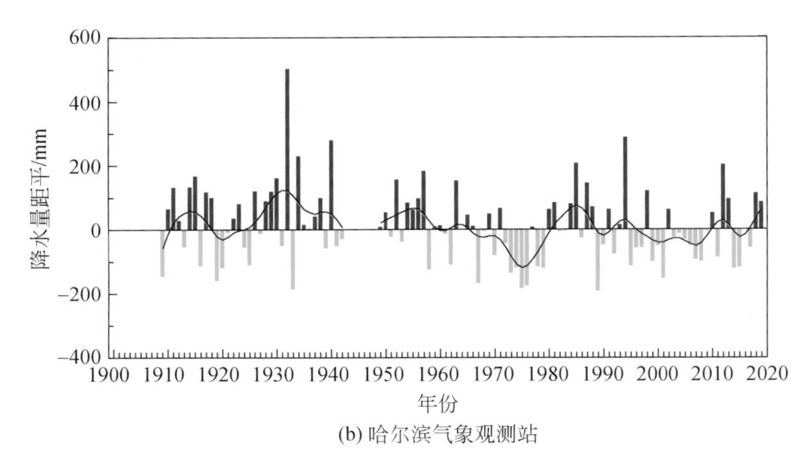

(b) 哈尔滨气象观测站

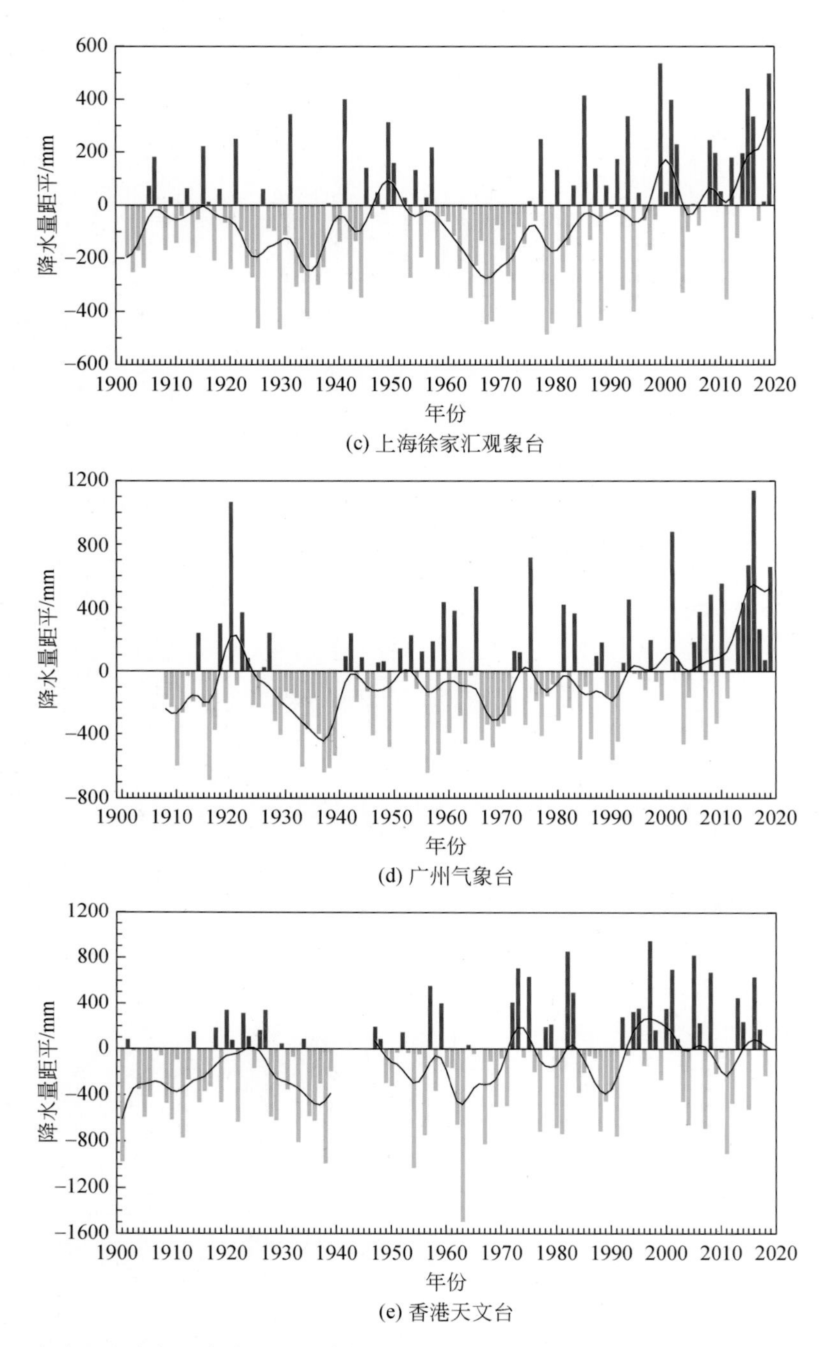

图 1.15　近百年来北京南郊观象台、哈尔滨气象观测站、上海徐家汇观象台、广州气象台和香港天文台年降水量距平变化

Figure 1.15　Annual precipitation anomalies at (a) Beijing Observatory, (b) Harbin Meteorological Observatory, (c) Shanghai Xujiahui Observatory, (d) Guangzhou Meteorological Observatory and (e) Hong Kong Observatory in the last hundred years or so

39.4%（496.5 mm）。

1908～2019年，广州气象台年降水量呈增多趋势，并伴随明显的年代际波动[图1.15（d）]。20世纪30年代和50年代中期至60年代末降水偏少，但降水从70年代初期波动增加，90年代初期以来为降水偏多时段，2012年以来降水持续偏多。2019年，广州气象台年降水量为2459.4 mm，较常年值偏多36.5%（658.1 mm）。

1901～2019年，香港天文台年降水量呈增多趋势[图1.15（e）]，平均每10年增加29.2 mm，且年际波动幅度较大（1940～1946年无观测数据）。2019年，香港天文台年降水量为2396.2 mm，接近常年值（2398.5 mm）。

1961～2019年，中国八大区域年降水量变化趋势差异明显（图1.16）。青藏地区年降水量呈显著增多趋势，平均每10年增加10.4 mm；西南地区年降水量总体呈减少趋势，但2015年以来降水以偏多为主；华北、东北、华东、华中、华南和西北地区年降水量无明显线性变化趋势，但均存在年代际波动变化。21世纪初以来，西北、东北和华北地区年降水量波动上升，东北和华东地区降水量年际波动幅度增大；

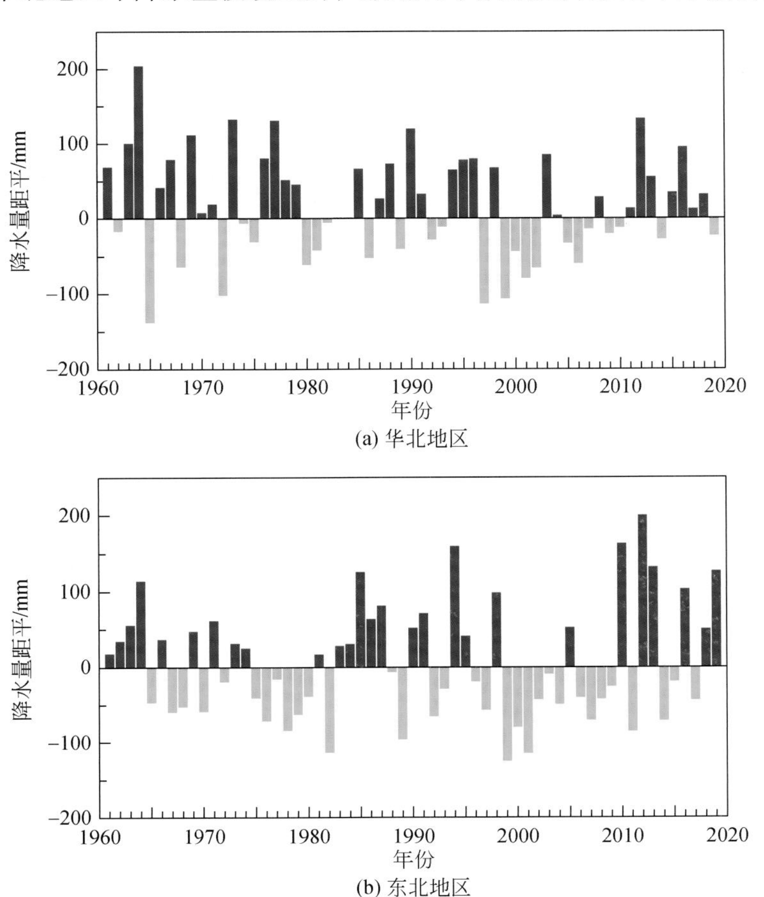

(a) 华北地区

(b) 东北地区

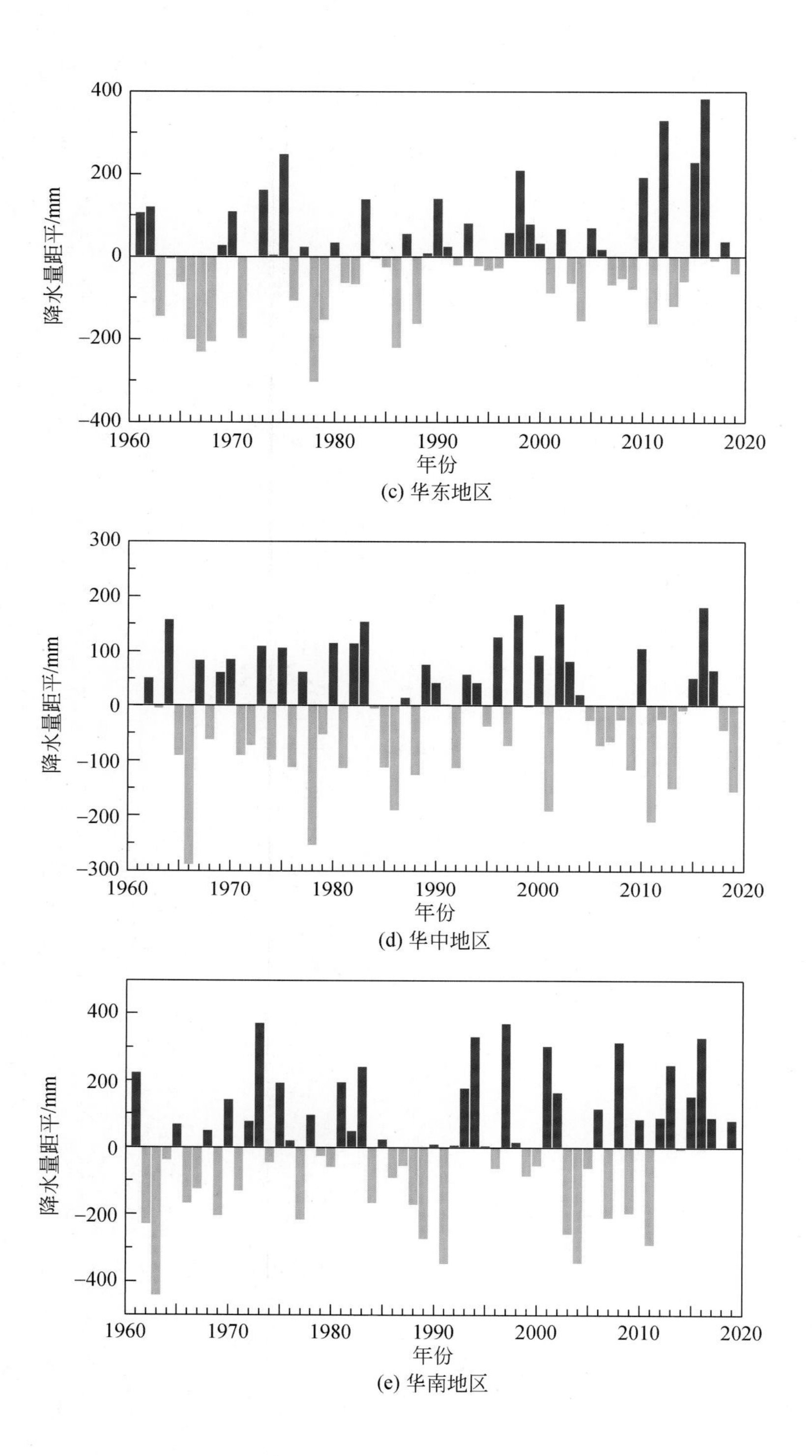

(c) 华东地区

(d) 华中地区

(e) 华南地区

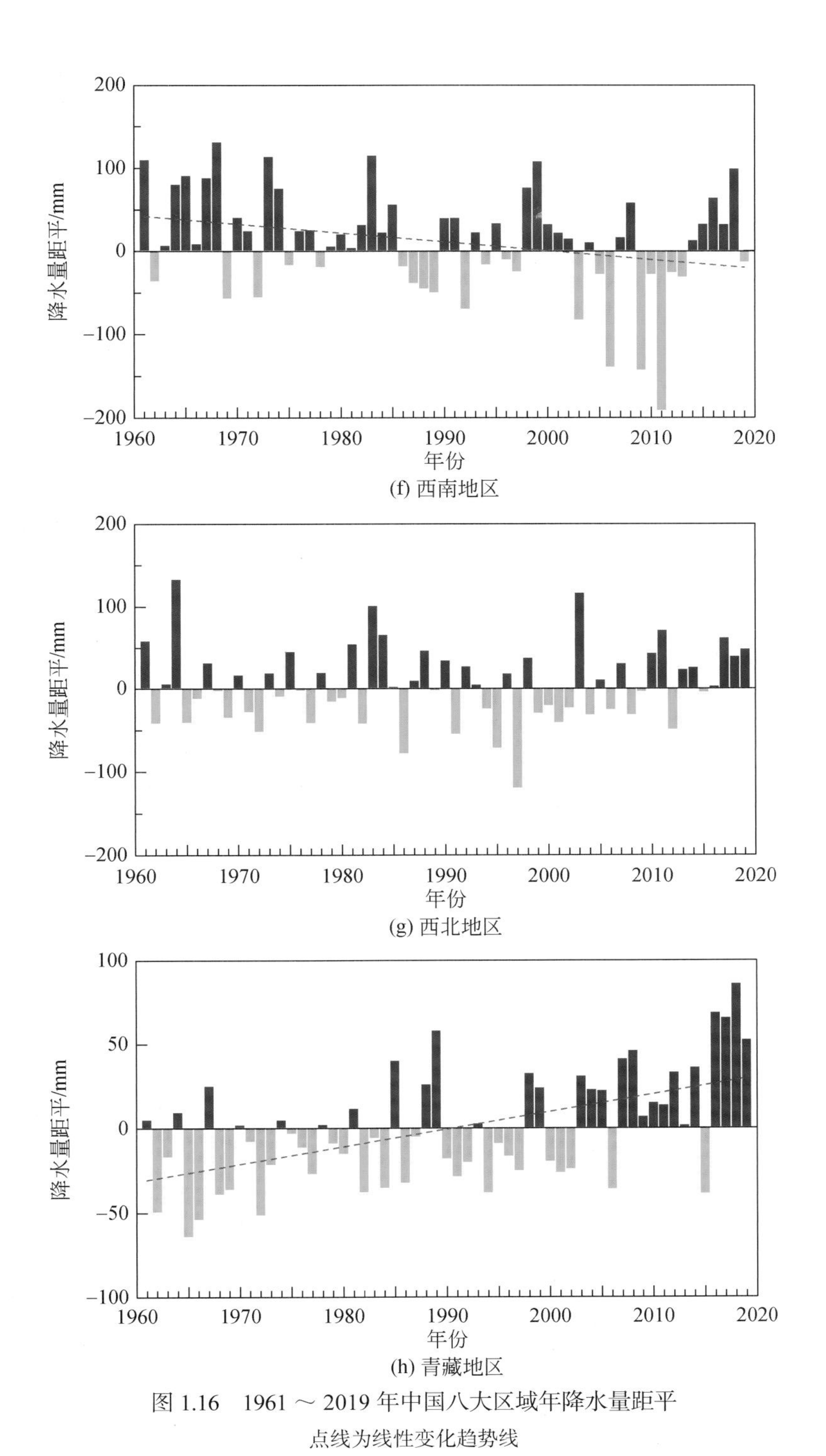

图 1.16　1961 ～ 2019 年中国八大区域年降水量距平

点线为线性变化趋势线

Figure 1.16　Regional averaged annual precipitation anomalies in China from 1961 to 2019

(a) North China; (b) Northeast China; (c) East China; (d) Central China; (e) South China; (f) Southwest China; (g) Northwest China; and (h) Qinghai-Xizang region

The purple dotted lines stand for the linear trend

2016 ～ 2019 年青藏地区年降水量持续异常偏多。2019 年，东北和青藏地区降水量较常年值分别偏多 21.6% 和 12.5%，华中地区降水量较常年值偏少 14.3%。

1961 ～ 2019 年，中国平均年降水日数呈显著减少趋势，平均每 10 年减少 2.0 天。2019 年，中国平均年降水日数为 101.7 天，较常年值偏少 1.5 天［图 1.17（a）］。

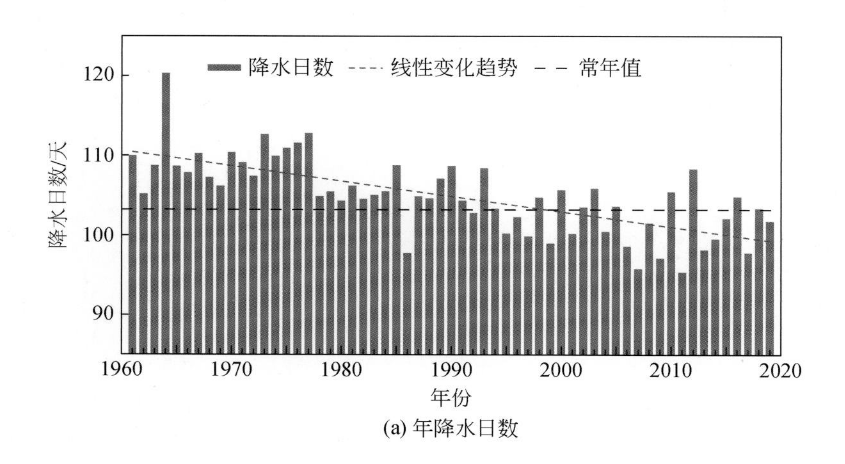

(a) 年降水日数

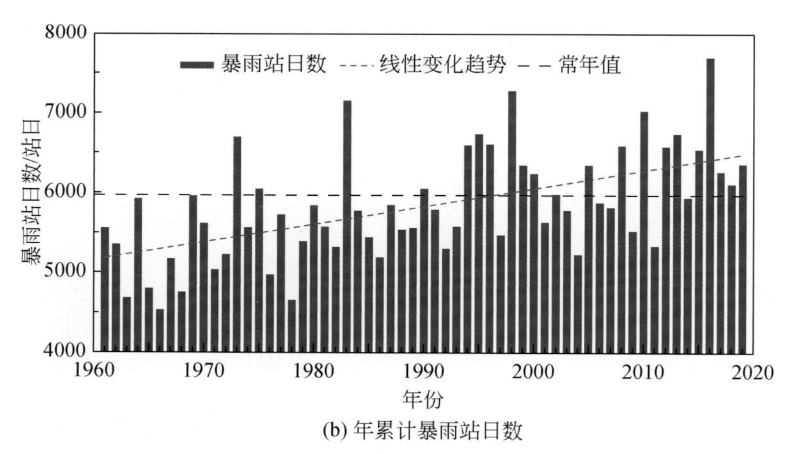

(b) 年累计暴雨站日数

图 1.17　1961 ～ 2019 年中国平均年降水日数和年累计暴雨站日数

Figure 1.17　(a) Annual rainy days and (b) accumulated rainstorm days over China from 1961 to 2019

1961 ～ 2019 年，中国年累计暴雨（日降水量≥ 50 mm）站日数呈增加趋势，平均每 10 年增加 3.8%。2019 年，中国年累计暴雨站日数为 6354 站日，较常年值偏多 6.4%［图 1.17（b）］。

1.3.4 其他要素

1. 相对湿度

1961 ～ 2019 年，中国平均相对湿度总体无明显增减趋势，但存在阶段性变化特征：20 世纪 60 年代中期至 80 年代中期相对湿度偏低，1989 ～ 2003 年以偏高为主，2004 ～ 2014 年总体偏低，2015 年以来转为偏高（图 1.18）。2019 年，中国平均相对湿度较常年值偏高 0.23%。

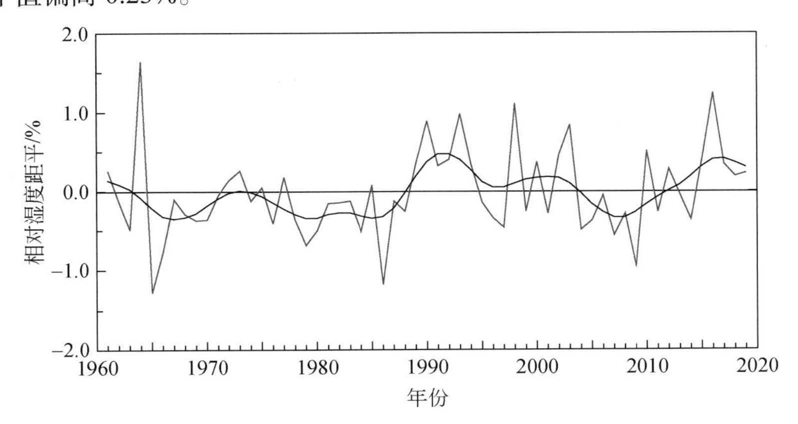

图 1.18 1961 ～ 2019 年中国平均相对湿度距平

Figure 1.18 Annual mean relative humidity anomalies over China from 1961 to 2019

2. 云量

1961 ～ 2019 年，中国平均总云量阶段性变化特征明显（图 1.19），20 世纪 60 年代初期至 90 年代中期呈显著下降趋势，20 世纪 90 年代后期出现趋势转折，之后波动上升。2019 年，中国平均总云量较常年值偏多 2.2%。

3. 风速

1961 ～ 2019 年，中国平均风速总体呈减小趋势（图 1.20），平均每 10 年减少 0.12 m/s。20 世纪 60 年代初期至 90 年代初期为持续正距平，之后转为负距平；2015 年以来出现小幅回升。2019 年，中国平均风速较常年值偏小 0.1 m/s。

4. 日照时数

1961 ～ 2019 年，中国平均年日照时数呈显著减少趋势，平均每 10 年减少 32.8 h。2019 年，中国平均年日照时数为 2369.2 h，较常年值偏少 40.0 h（图 1.21）。

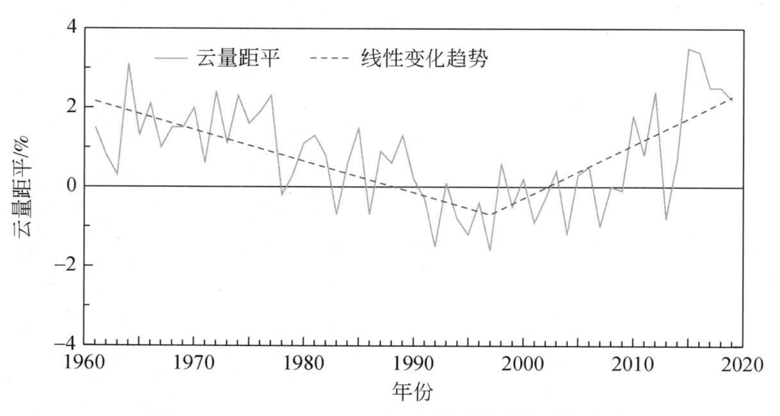

图 1.19　1961 ～ 2019 年中国平均总云量距平

Figure 1.19　Annual mean total cloud cover anomalies over China from 1961 to 2019

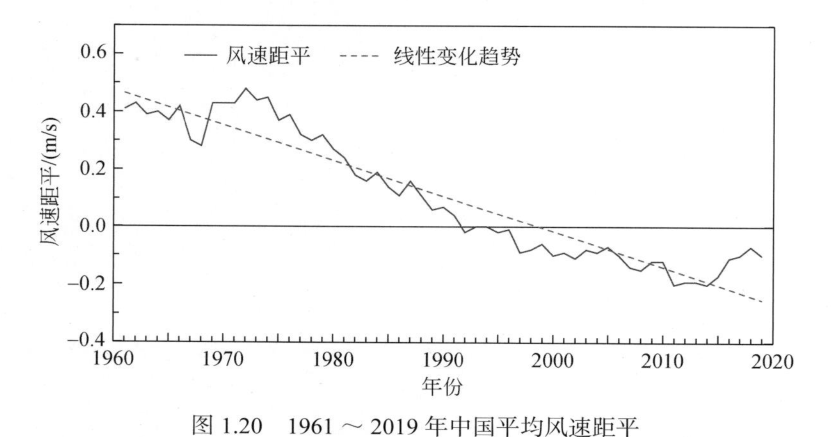

图 1.20　1961 ～ 2019 年中国平均风速距平

Figure 1.20　Annual mean wind speed anomalies over China from 1961 to 2019

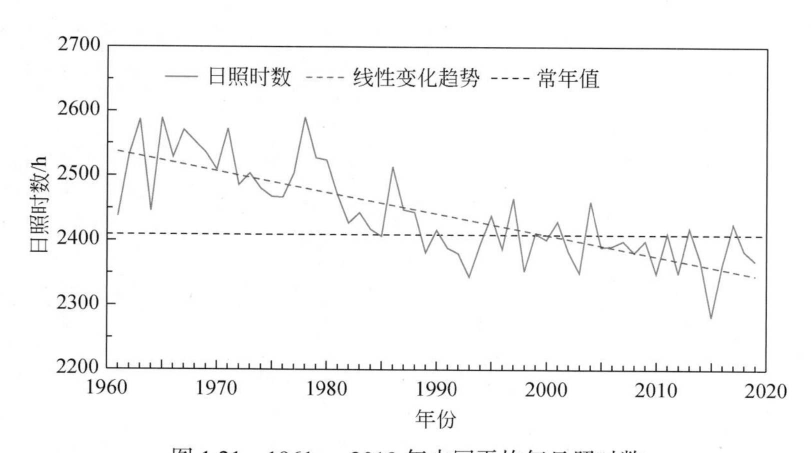

图 1.21　1961 ～ 2019 年中国平均年日照时数

Figure 1.21　Annual mean sunshine duration over China from 1961 to 2019

5. 积温

1961～2019年，中国平均≥10℃的年活动积温呈显著增加趋势（图1.22），平均每10年增加59.5 ℃·d。1997年以来，中国平均≥10 ℃的年活动积温持续偏多。2019年，中国平均≥10℃的年活动积温为4989.1 ℃·d，较常年值偏多259.0 ℃·d，比2018年偏多11.5 ℃·d，为1961年以来的第三多。

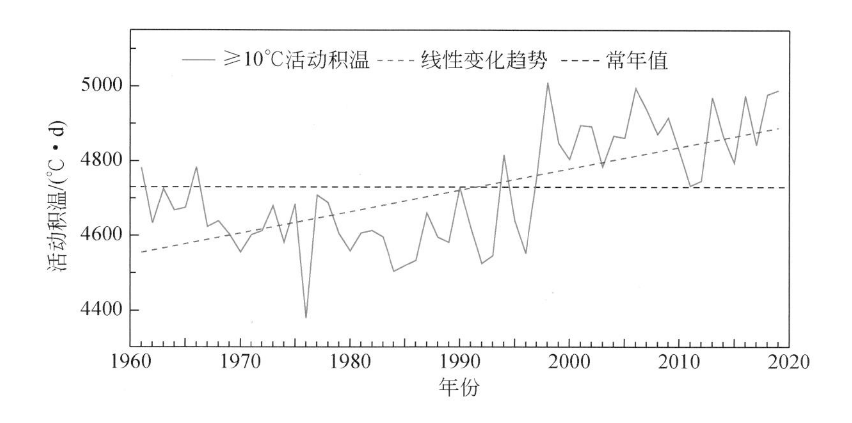

图1.22 1961～2019年中国平均≥10 ℃的年活动积温
Figure 1.22 Annual active accumulated temperature with air temperature ≥10℃ over China from 1961 to 2019

2019年，中国主要农作物生长季内热量条件总体偏好，全国大部地区≥10℃活动积温接近常年或偏多，西北北部、华北中南部、黄淮、江淮、江汉大部、江南中东部、华南东部和南部、西南地区北部和南部等地偏多200～600 ℃·d，云南东部和四川南部的部分地区偏多600 ℃·d以上；黑龙江北部、重庆东南部和贵州北部的部分地区活动积温偏少（图1.23）。冬小麦和夏玉米全生育期内，光、温、水等条件总体匹配较好，墒情适宜，气象灾害偏轻，气候条件较好；早稻生育期内，阶段性低温、阴雨寡照天气对部分地区早稻播种、生长发育及产量形成影响较大；晚稻和一季稻生育期内，大部产区气候条件较好，但长江中下游地区遭遇严重伏秋连旱，对产量形成造成较大不利影响。

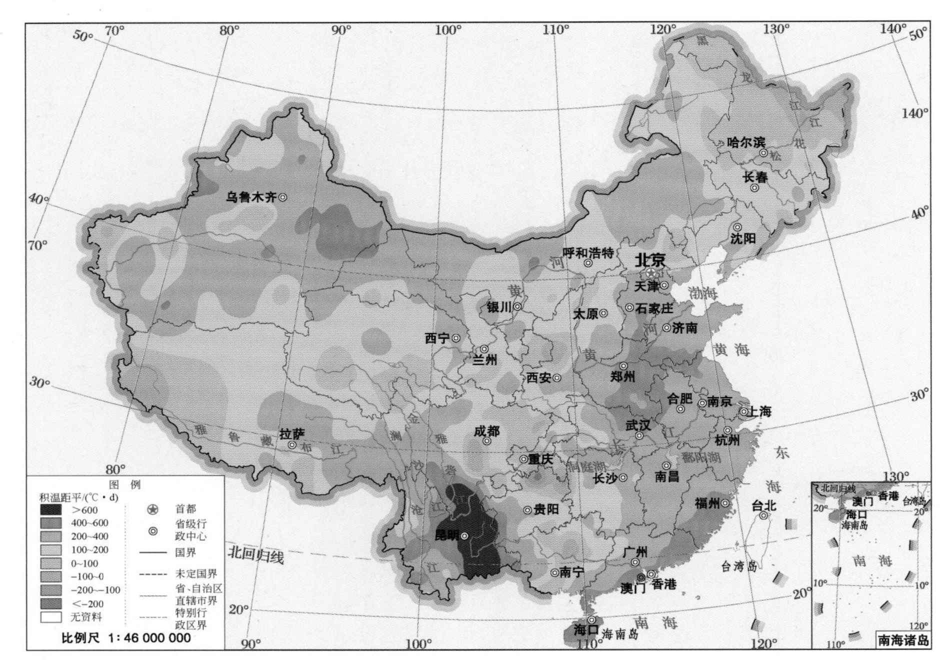

图 1.23 2019 年中国≥ 10 ℃活动积温距平分布

Figure 1.23 Distribution of the active accumulated temperature anomalies with air temperature ≥ 10℃ across China in 2019

1.4 天气气候事件

1.4.1 极端事件

1961 ～ 2019 年，中国极端低温事件显著减少，极端高温事件自 20 世纪 90 年代中期以来明显增多，极端强降水事件呈增多趋势。

1. 极端气温

1961 ～ 2019 年，中国平均年暖昼日数呈增多趋势［图 1.24（a）］，平均每 10 年增加 5.7 天，尤其在 20 世纪 90 年代中期以来增加更为明显。2019 年，中国暖昼日数为 74 天，较常年值偏多 30 天，为 1961 年以来最多。

1961 ～ 2019 年，中国平均年冷夜日数呈显著减少趋势［图 1.24（b）］，平均每 10 年减少 8.2 天，1998 年以来冷夜日数较常年值持续偏少。2019 年，中国冷夜日数为 20 天，较常年值偏少 17 天，为 1961 年以来第三少。

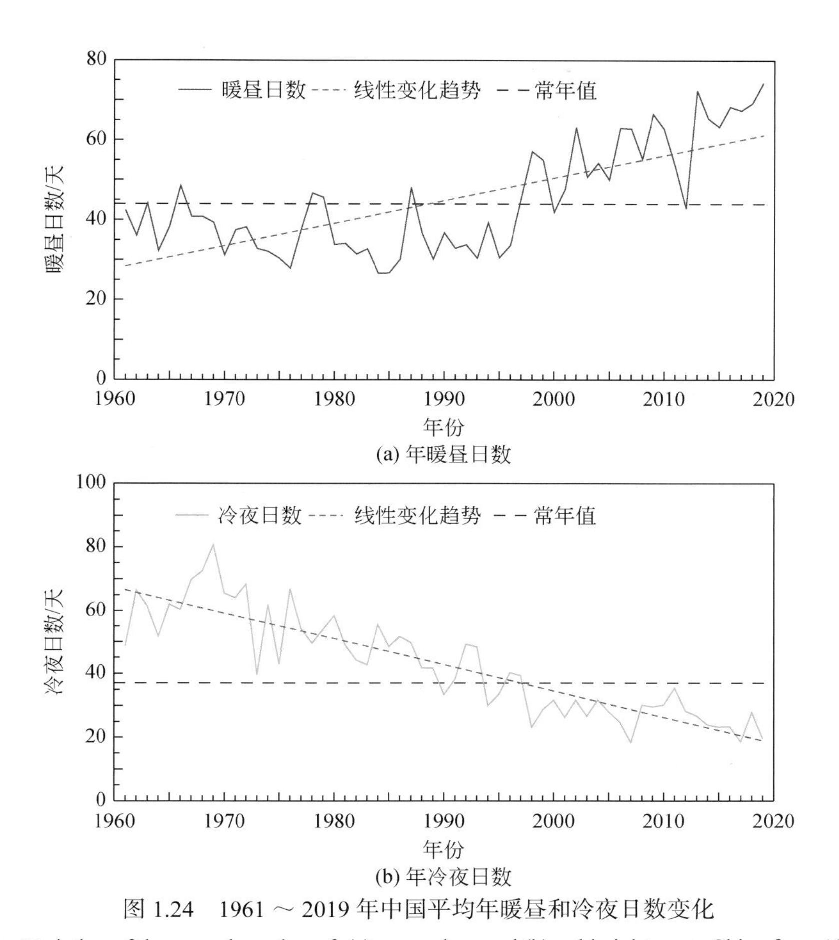

(a) 年暖昼日数

(b) 年冷夜日数

图 1.24　1961 ～ 2019 年中国平均年暖昼和冷夜日数变化

Figure 1.24　Variation of the annual number of (a) warm days and (b) cold nights over China from 1961 to 2019

1961 ～ 2019 年，中国极端高温事件发生频次的年代际变化特征明显，20 世纪 90 年代中期以来明显偏多［图 1.25（a）］。2019 年，中国共发生极端高温事件 880 站日，较常年值偏多 600 站日，其中云南元江（43.1℃）等共计 64 站日最高气温达到或突破历史极值。

1961 ～ 2019 年，中国极端低温事件发生频次呈显著减少趋势［图 1.25（b）］，平均每 10 年减少 239 站日。2019 年，中国共发生极端低温事件 39 站日，较常年值偏少 228 站日，其中西藏聂拉木日最低气温（–21.7℃，2019 年 1 月 29 日）突破低温历史极值。

2. 极端降水

1961 ～ 2019 年，中国极端日降水量事件的发生频次呈增加趋势（图 1.26），平均每 10 年增多 17 站日。2019 年，中国共发生极端日降水量事件 253 站日，较常年值偏

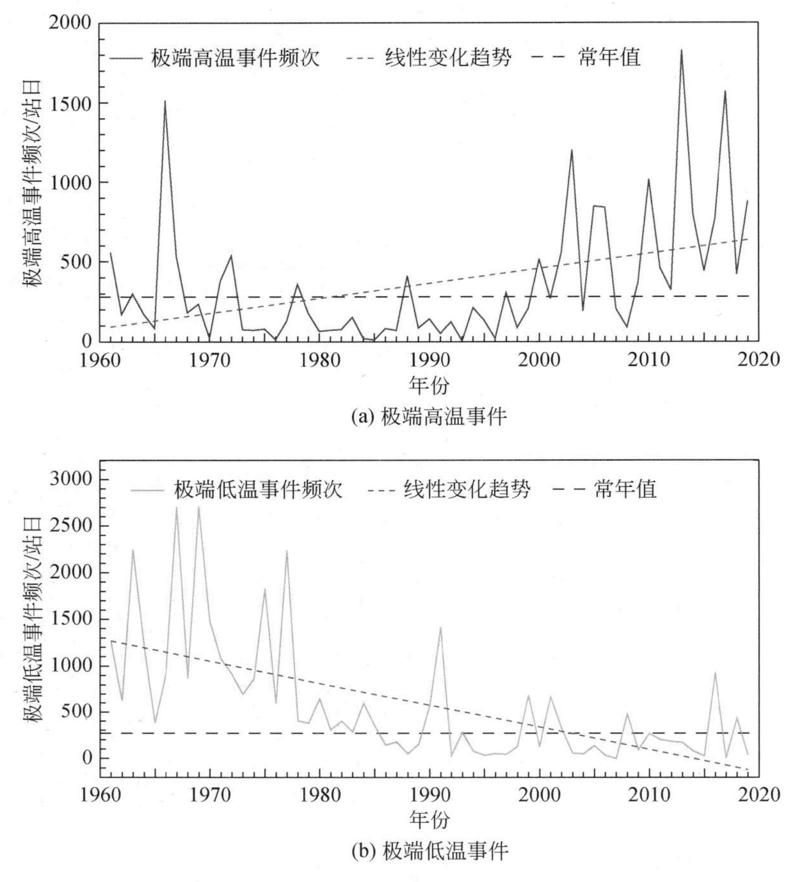

图 1.25　1961 ～ 2019 年中国极端高温和极端低温事件频次

Figure 1.25　Frequencies of (a) the high temperature extremes and (b) low temperature extremes over China from 1961 to 2019

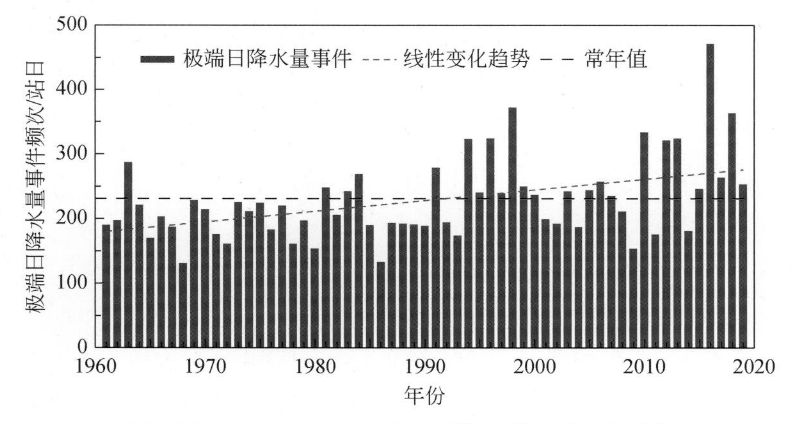

图 1.26　1961 ～ 2019 年中国极端日降水量事件频次

Figure 1.26　Frequencies of the daily precipitation extremes over China from 1961 to 2019

多22站日，其中浙江、山东等地共计54站日降水量突破历史极值。

3. 区域性气象干旱

1961～2019年，中国共发生了181次区域性气象干旱事件（图1.27），其中极端干旱事件16次、严重干旱事件38次、中度干旱事件75次、轻度干旱事件52次；1961年以来，区域性干旱事件发生频次呈微弱上升趋势，并且具有明显的年代际变化特征：20世纪70年代后期至80年代区域性气象干旱事件偏多，90年代偏少，2003～2008年阶段性偏多，2009年以来总体偏少。2019年，中国共发生3次区域性气象干旱事件，发生频次接近常年值，其中2次强度均为中度干旱等级、1次达到严重干旱等级。2019年3月上旬至4月上旬，华北、黄淮、江淮出现阶段性春旱；4月上旬至6月下旬，云南遭遇春夏连旱；7月下旬至11月中旬，长江中下游地区遭遇严重伏秋连旱。

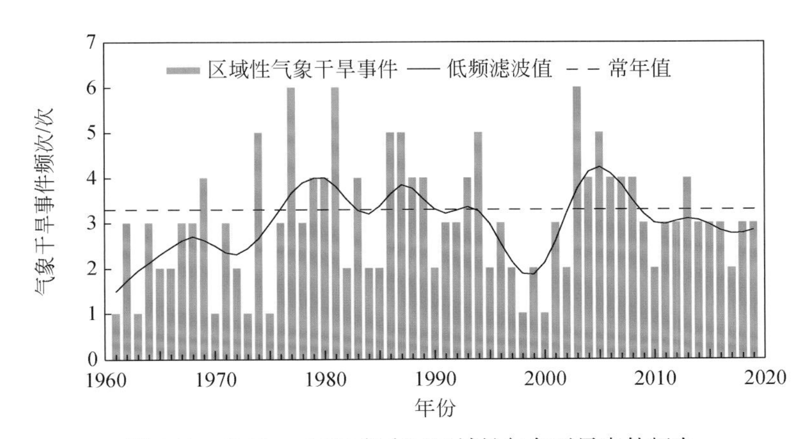

图1.27 1961～2019年中国区域性气象干旱事件频次

Figure 1.27 Frequencies of the regional meteorological drought events over China from 1961 to 2019

1.4.2 台风

1949～2019年，西北太平洋和南海生成台风（中心风力≥8级）个数呈减少趋势（图1.28），同时表现出明显的年代际变化特征，1995年以来总体处于台风活动偏少的年代际背景下。2019年，西北太平洋和南海台风生成个数为29个，较常年值（25.5个）偏多3.5个。

1949～2019年，登陆中国的台风（中心风力≥8级）个数呈弱的增多趋势，但线性趋势并不显著；年际变化大，最多年达12个（1971年），最少年仅有3个（1950年和1951年）。1949～2019年，登陆中国台风比例呈增加趋势（图1.29），尤其是2000～2010年最为明显，2010年登陆中国台风比例（50%）最高。2019年登陆中国

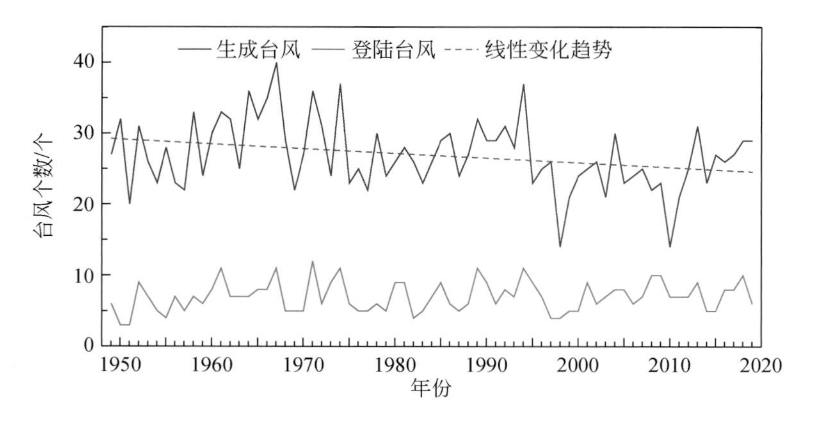

图 1.28　1949 ～ 2019 年西北太平洋和南海生成及登陆中国台风个数

Figure 1.28　The number of typhoons emerging over the western North Pacific and the South China Sea and those landing in China from 1949 to 2019

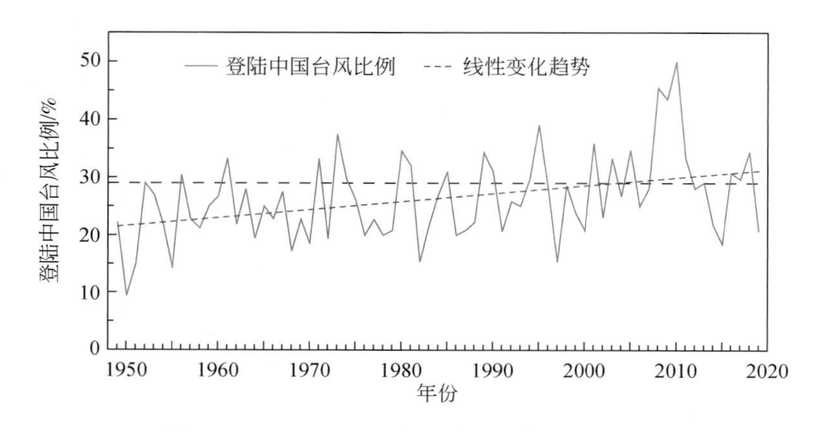

图 1.29　1949 ～ 2019 年登陆中国台风比例变化

Figure 1.29　Proportional variation of the typhoons landing in China from 1949 to 2019

的台风有 6 个，登陆比例为 21%，较常年值（29%）偏低。

1949 ～ 2019 年，登陆中国台风（中心风力≥ 8 级）的平均强度（以台风中心最大风速来表征）线性趋势不明显，主要表现出明显的年代际变化（图 1.30），其中 20 世纪 60 年代初期至 70 年代中期及 20 世纪 90 年代后期以来总体表现为偏强特征。2019 年，登陆台风平均强度为 10 级（平均风速 26.3 m/s），较常年值（11 级，30.6 m/s）偏弱；但超强台风“利奇马”于 8 月 10 日登陆浙江沿海，登陆时中心附近最大风力 16 级（52 m/s），为 1949 年以来登陆我国的第五强台风，且登陆后移动缓慢、陆上滞留时间长，风雨强度大、影响范围广。

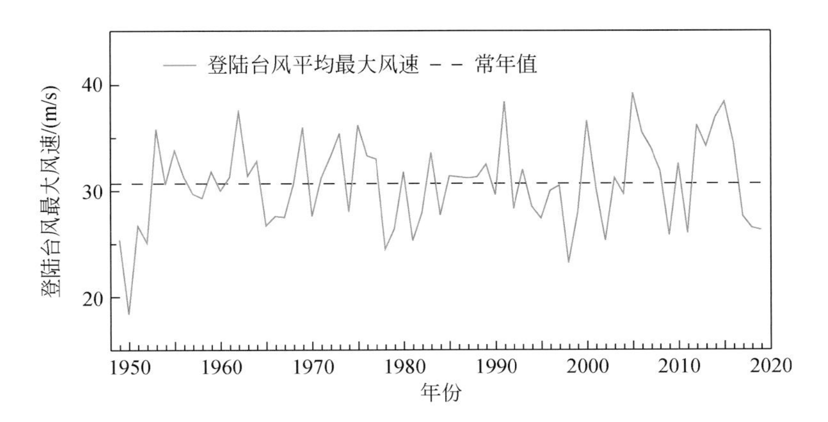

图 1.30 1949 ～ 2019 年登陆中国台风平均最大风速变化

Figure 1.30 Variation of the mean maximum wind speed of the typhoons landing in China from 1949 to 2019

1.4.3 雷暴

雷暴是一种产生闪电及雷声的对流性天气现象，可伴随着短时强降水或冰雹。雷暴的发生与大气层结不稳定、必要的水汽条件和抬升条件密切相关（俞小鼎等，2012）。中国雷暴主要发生在暖季（4 ～ 9 月），主要分布于长江中下游地区、华南、四川、云南中南部、青藏高原东部等地（陈思蓉等，2009）。

1961 ～ 2019 年，北京南郊观象台年雷暴日数呈显著下降趋势［图 1.31（a）］，平均每 10 年减少 1.5 天（2014 年及以后的雷暴日数由云地闪电反演资料获取）；哈尔滨气象观测站年雷暴日数无明显的线性变化趋势［图 1.31（b）］，主要表现为年代际变化特征，20 世纪 70 年代雷暴日数以偏少为主，80 年代中期至 90 年代中期偏多，之后转为偏少；上海徐家汇观象台年雷暴日数亦无明显的线性变化趋势［图 1.31（c）］，21 世纪初以来表现为波动上升；香港天文台年雷暴日数呈显著增加趋势［图 1.31（d）］，平均每 10 年增多 3.0 天。2019 年，北京南郊观象台雷暴日数为 29 天，较常年值偏少 3.9 天；哈尔滨气象观测站、上海徐家汇观象台和香港天文台雷暴日数分别为 38 天、41 天和 59 天，较常年值依次偏多 5.3 天、15.4 天和 20.4 天，其中香港天文台年雷暴日数与 2014 年并列为有观测以来最多。

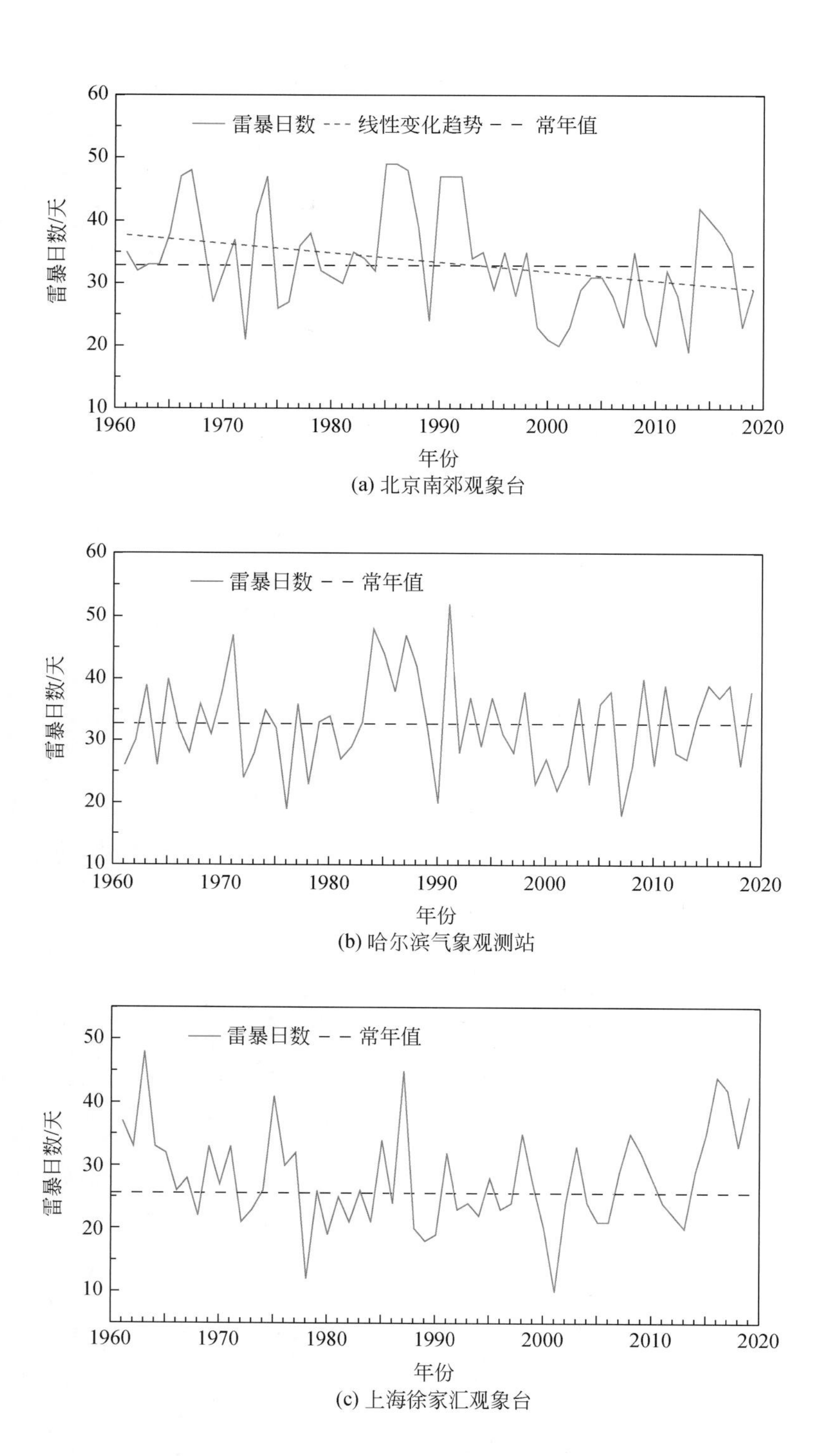

(a) 北京南郊观象台

(b) 哈尔滨气象观测站

(c) 上海徐家汇观象台

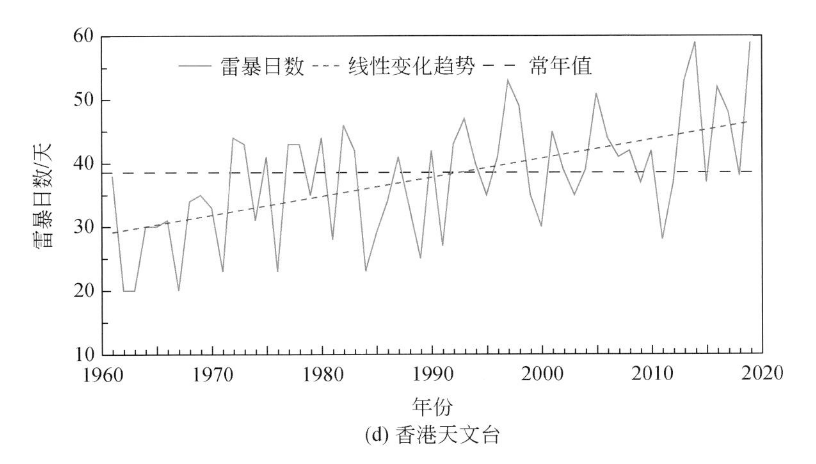

图 1.31　1961 ～ 2019 年北京南郊观象台、哈尔滨气象观测站、上海徐家汇观象台和香港天文台雷暴日数

Figure 1.31　Variations of the annual thunderstorm days at (a) Beijing Observatory, (b) Harbin Meteorological Observatory, (c) Shanghai Xujiahui Observatory and (d) Hong Kong Observatory from 1961 to 2019

1.4.4　沙尘与大气酸沉降

1. 沙尘天气

1961 ～ 2019 年，中国北方地区平均沙尘（扬沙以上）日数呈明显减少趋势（图 1.32），平均每 10 年减少 3.4 天。20 世纪 80 年代末期之前，中国北方地区平均沙尘日数持续偏多，之后转入沙尘日数偏少阶段，近年来达最低值并略有回升。2019 年，中国北方地区平均沙尘日数为 6.3 天，较常年值偏少 3.2 天。

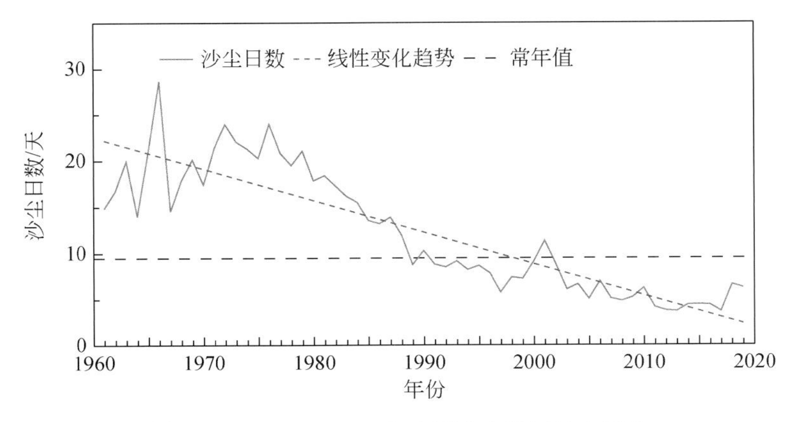

图 1.32　1961 ～ 2019 年中国北方地区沙尘日数

Figure 1.32　Variation of the annual number of sand-dust days over northern China from 1961 to 2019

2. 大气酸沉降

1992 ～ 2019 年，中国酸雨（降水 pH 低于 5.60）经历了“改善—恶化—再次改善”的阶段性变化过程，总体呈减弱、减少趋势（图 1.33）。1992 ～ 1999 年为酸雨污染改善期；2000 ～ 2007 年酸雨污染恶化；2008 年以来酸雨污染状况再度改善。2019 年，

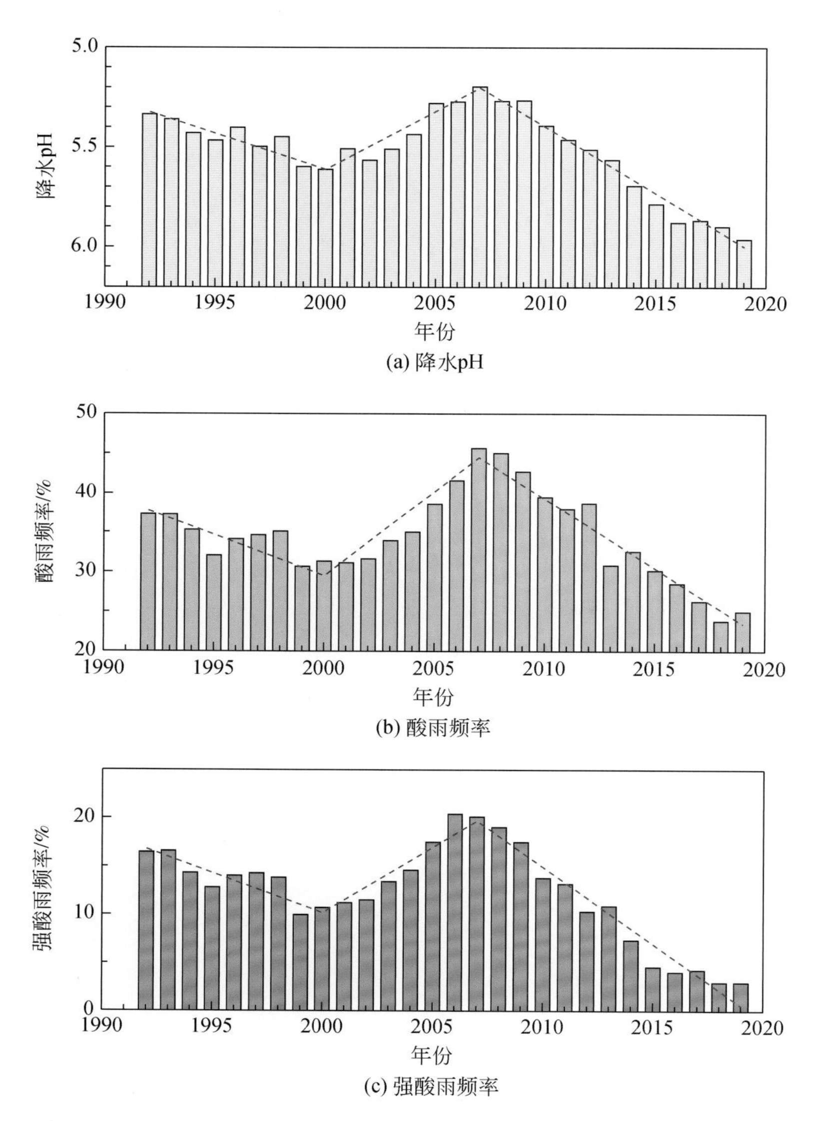

图 1.33　1992 ～ 2019 年中国平均降水 pH、酸雨频率和强酸雨频率变化

点线为线性趋势线

Figure 1.33　Annual mean (a) precipitation pH value, (b) acid rain frequency and (c) severe acid rain frequency over China from 1992 to 2019

The purple dotted lines stand for the linear trend

中国酸雨污染总体较轻，全国 376 个酸雨站年平均降水 pH 为 5.96；全国年平均酸雨频率为 25.0%，为 1992 年以来的次低值；全国年平均强酸雨（降水 pH 低于 4.50）频率为 3.0%，与 2018 年并列为 1992 年以来的最低值。综合分析显示，我国二氧化硫排放量的增减变化是影响酸雨污染长期变化趋势的主控因子，2010 年以来氮氧化物排放量的逐年下降也对近年来酸雨污染的改善有较明显贡献。

2019 年，酸雨区范围主要覆盖江南大部、华南以及西南地区东北部和西南部、东北地区中东部的部分地区（图 1.34），其中湖南东南部、广东西部、广西东部、四川东南部、重庆中部以及浙江、福建、安徽和江西交界处等地年平均降水 pH 低于 5.00，酸雨污染较明显。

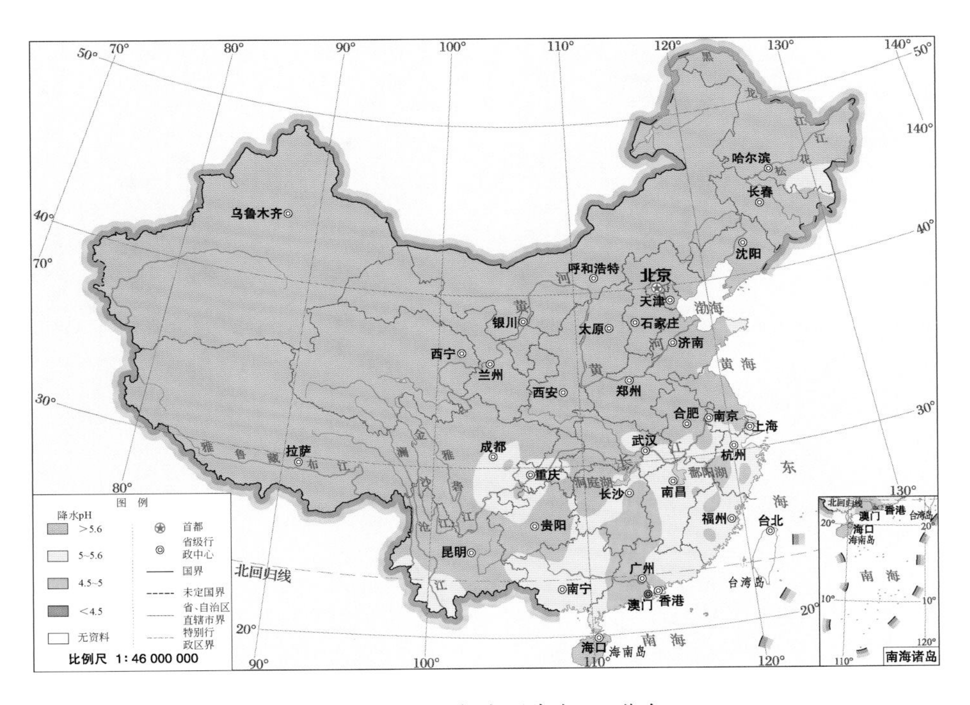

图 1.34　2019 年中国降水 pH 分布

Figure 1.34　Distributions of precipitation pH value across China in 2019

1.4.5　梅雨

梅雨是东亚地区特有的天气气候现象，为东亚夏季风阶段性活动的产物，出现于每年 6 ～ 7 月的中国江淮流域至韩国、日本一带，常年平均梅雨量超过 300 mm，占全年降水总量的 30% ～ 40%。中国梅雨在时间和空间分布上存有差异（胡景高等，2013），区域性特点明显。

1951～2019年，中国梅雨季降水量具有明显年际变化和年代际变化特征（图1.35）。20世纪90年代梅雨量以偏多为主，20世纪50年代后期至60年代、20世纪90年代末至21世纪前十年梅雨量偏少。2019年，中国梅雨季开始于6月16日，7月17日结束，入梅时间较常年值偏晚8天、出梅时间偏早1天，梅雨监测区梅雨季降水量为290.9 mm，较常年值偏少52.5 mm。

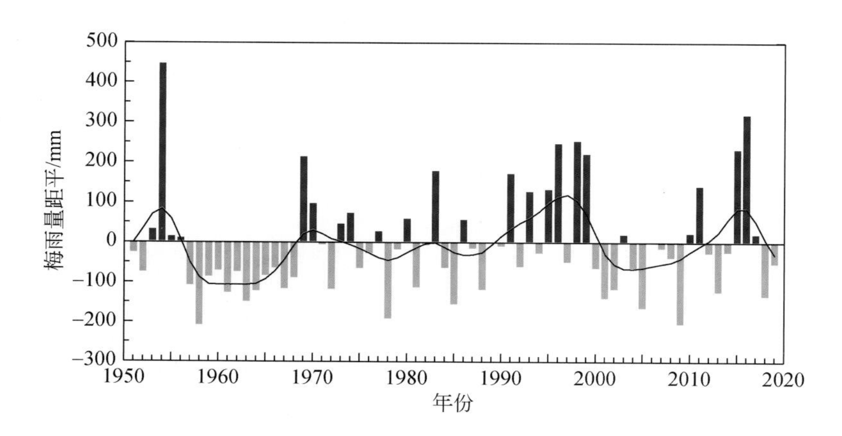

图1.35　1951～2019年中国梅雨量距平

Figure 1.35　Anomalies in the amount of Meiyu in China from 1951 to 2019

1.4.6　中国气候风险指数

1961～2019年，中国气候风险指数（Wang et al., 2018）总体呈升高趋势，且阶段性变化明显（图1.36）。20世纪60年代初期至70年代后期气候风险指数呈下降趋

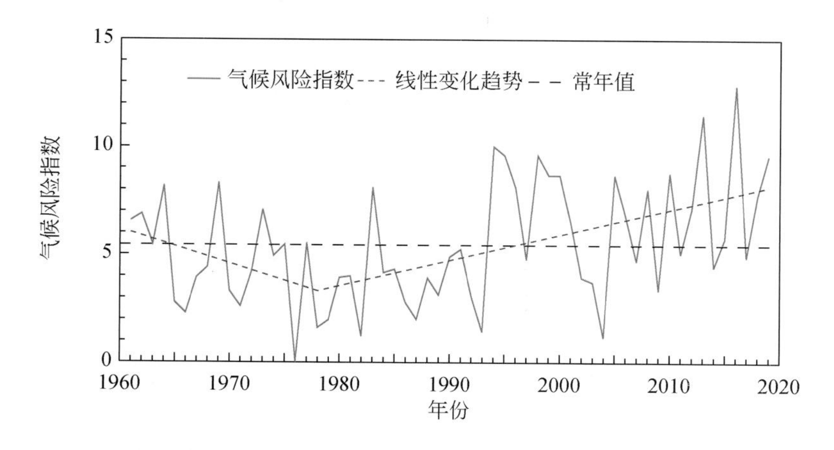

图1.36　1961～2019年中国气候风险指数变化

Figure 1.36　Variation of the climate risk index of China from 1961 to 2019

势，70 年代末出现趋势转折，之后波动上升。20 世纪 90 年代初以来中国气候风险指数明显增高，1991 ～ 2019 年气候风险指数平均值（6.7）较 1961 ～ 1990 年（4.3）增加了 56%。

2019 年，全国综合气候风险指数为 9.6，属强等级，较常年值偏高 4.2，亦明显高于 21 世纪以来平均值（6.5）。其中，高温风险高，7 ～ 8 月高温风险指数异常偏高；台风和干旱风险偏强，8 月台风风险指数和 5 ～ 7 月干旱风险指数处于偏强或强等级；雨涝和低温冰冻风险一般。

第2章　水　　圈

水圈是由液态的地表和地下水组成，包括海洋、湖泊、河流及岩层中的水等。海洋和陆地水通过蒸发或蒸散，以水汽的形式进入大气圈，海洋中的水汽经大气环流输送到大陆上空、凝结后降落至地面，部分被生物吸收，部分下渗为地下水，部分成为地表径流。水在循环过程中不断释放或吸收热能，是气候系统各大圈层间能量和物质交换的主要载体，并为地球的各种系统提供必需的水源。海洋占地球表面积的71%，储存了地球系统中97%的水，吸收了20%～30%人类活动排放的CO_2，是大气主要的热源和水汽源地。中国地处北太平洋、印度洋和亚洲大陆的交汇区，海洋异常变化及其与大气间的能量传输和物质交换是影响中国区域气候变化的重要因素。海表温度、海洋热含量和海平面高度均是气候变化的关键指标，同时厄尔尼诺/拉尼娜等行星尺度海－气相互作用的突出年际与年代际变率信号，不仅对热带地区大气环流和气候产生直接影响，而且对全球和区域的生态和社会经济发展都有重要的影响。同时，径流、湖泊面积与水位、地下水水位等是监测陆地水变化的关键指标。

2.1　海　　洋

2.1.1　海表温度

1. 全球海表温度

1870～2019年，全球平均海表温度（Rayner et al., 2003）表现为显著升高趋势（图2.1），并伴随年代际变化特征。20世纪80年代之前全球平均海表温度明显偏低，80年代后期至20世纪末为海温由冷转暖的转折期，2000年之后海温持续偏高。2019年，全球平均海表温度比常年值偏高0.27℃，为1870年以来的第三高值，仅低于2016年和2015年。

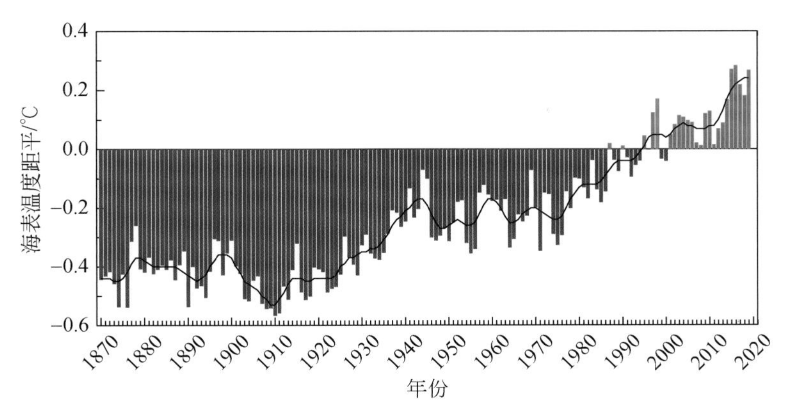

图 2.1 1870 ～ 2019 年全球平均海表温度距平

资料来源：英国气象局哈德利中心

Figure 2.1 Annual mean global-averaged sea surface temperature anomalies (SSTA) from 1870 to 2019

Data source: UK Met Office Hadley Centre

2019 年，全球大部分海域海表温度接近常年值或偏高（图 2.2）。北冰洋部分海域喀拉海、拉普捷夫海、东西伯利亚海、楚科奇海和波弗特海海温偏高 0.5℃以上，局部海域海温偏高超过 1.0℃；赤道太平洋中部、北太平洋北部、西北太平洋、西南太平洋

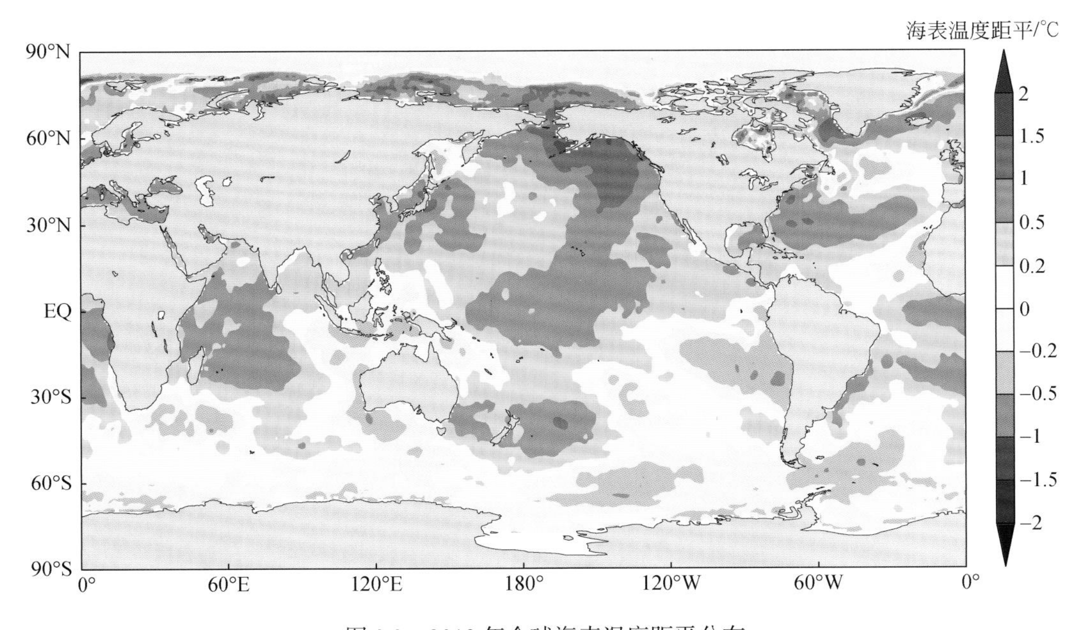

图 2.2 2019 年全球海表温度距平分布

Figure 2.2 Distribution of global annual mean SSTA in 2019

大部、热带印度洋中西部、北大西洋中部、南大西洋东部等海域海温偏高 0.5℃以上，其中北太平洋东北部和北大西洋部分海域海温偏高超过 1.0℃。

2. 关键海区海表温度

1951 ～ 2019 年，赤道中东太平洋 Niño3.4 海区（5°S ～ 5°N，120°W ～ 170°W）海表温度有明显的年际变化特征（图 2.3）。根据《厄尔尼诺 / 拉尼娜事件判别方法》（全国气候与气候变化标准化技术委员会，2017），1951 ～ 2019 年，赤道中东太平洋共发生了 20 次厄尔尼诺和 15 次拉尼娜事件。其中，2018 年 9 月开始的厄尔尼诺事件于 2018 年 11 月达到峰值（Niño3.4 指数为 1.0℃），海表温度正距平中心位于赤道中太平洋日界线附近，并于 2019 年 7 月结束，为一次弱的中部型厄尔尼诺事件（Ashok et al., 2007）；该事件结束后，2019 年 7 ～ 12 月赤道中太平洋海温维持偏暖状态，赤道东太平洋海温转为偏冷后恢复至正常状态。2019 年，Niño3.4 海区海表温度距平值为 0.53℃，较 2018 年上升了 0.47℃。

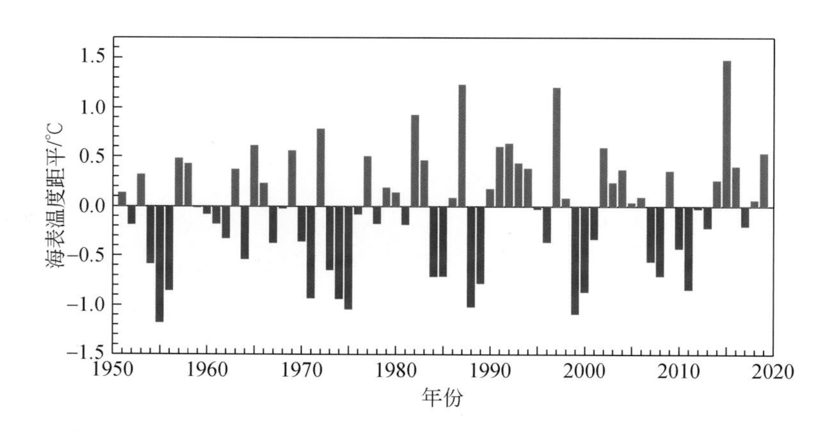

图 2.3　1951 ～ 2019 年赤道中东太平洋（Niño3.4 海区）年平均海表温度距平

Figure 2.3　Annual mean SSTA averaged in the central and eastern equatorial Pacific (Niño3.4) from 1951 to 2019

太平洋年代际振荡（Pacific decadal oscillation，PDO）是一种年代际时间尺度上的气候变率强信号（Zhang et al., 1997; Mantua et al., 1997; 杨修群等，2004），具有多重时间尺度，主要表现为准 20 年周期和准 50 年周期。1947 ～ 1976 年，PDO 处于冷位相期；1925 ～ 1946 年和 1977 ～ 1998 年为暖位相期；20 世纪 90 年代末，PDO 再次转为冷位相期。2014 ～ 2019 年，PDO 指数由前期的负指数转为显著的正指数（图 2.4）。2019 年，PDO 指数为 0.65。

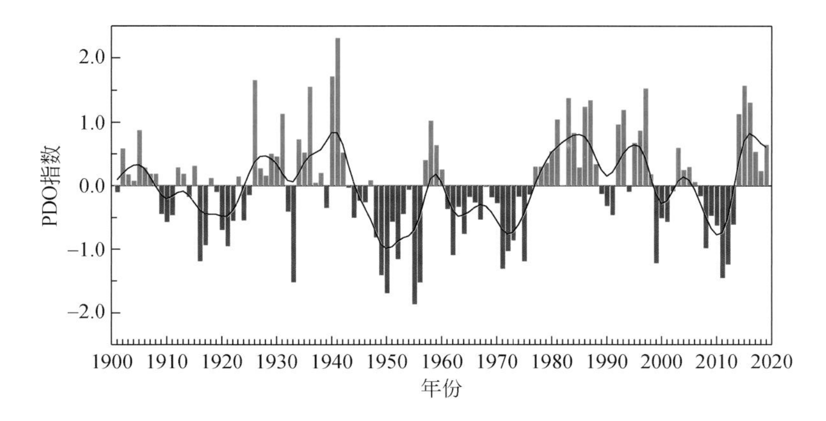

图 2.4　1901 ～ 2019 年太平洋年代际振荡指数

Figure 2.4　Annual mean Pacific decadal oscillation index from 1901 to 2019

1951 ～ 2019 年，热带印度洋（20°S ～ 20°N，40°E ～ 110°E）海表温度呈现显著上升趋势［图 2.5（a）］，平均每 10 年上升 0.12℃。20 世纪 50 ～ 70 年代，热带印度洋海表温度较常年值持续偏低，80 ～ 90 年代海温由偏低逐渐转为偏高，2000 年之后以偏高为主。2019 年，热带印度洋海表温度距平值为 0.39℃，与 1998 年并列成为 1951 年以来第三高值，仅次于 2015 年和 2016 年。热带印度洋偶极子（tropical Indian Ocean dipole，TIOD）是热带西印度洋（10°S ～ 10°N，50°E ～ 70°E）与东南印度洋（10°S ～ 0°，90°E ～ 110°E）海表温度的跷跷板式反向变化（Saji et al., 1999; Webster et al., 1999），通常用前者减去后者定义为 TIOD；热带印度洋偶极子通常在夏季开始发展，秋季达到峰值，冬季快速衰减。2019 年秋季，TIOD 指数为 1.02℃［图 2.5（b）］，为 1951 年以来历史同期第二高值，仅次于 1997 年同期。

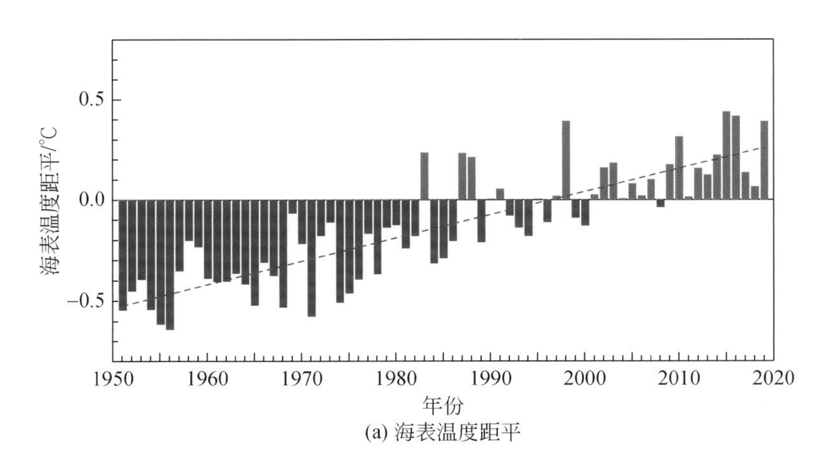

(a) 海表温度距平

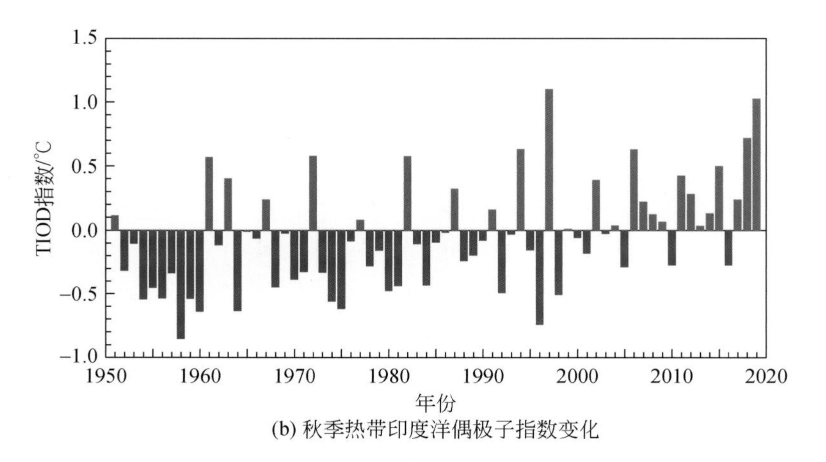

(b) 秋季热带印度洋偶极子指数变化

图 2.5　1951 ～ 2019 年热带印度洋年平均海表温度距平和秋季热带印度洋偶极子指数变化

点线为线性变化趋势线

Figure 2.5　(a) Annual mean SSTA averaged in the tropical Indian Ocean and (b) variation of the tropical Indian Ocean dipole index in autumn from 1951 to 2019

The purple dotted line standing for the linear trend

北大西洋年代际振荡（Atlantic multidecadal oscillation，AMO）是发生在北大西洋区域海盆空间尺度的、多年代时间尺度的海温自然变率（Bjerknes, 1964; 李双林等，2009），振荡周期为 65 ～ 80 年。1951 ～ 2019 年，北大西洋（0° ～ 60°N，0° ～ 80°W）海表温度表现出明显的年代际变化特征（图 2.6），近 70 年来经历了"暖—冷—暖"的年代际变化：20 世纪 50 ～ 60 年代海表温度偏高，70 年代初期至 90 年代中期海表温度以偏低为主，90 年代后期以来北大西洋海表温度持续偏高。2019 年，北大西洋平均海表温度距平值为 0.15℃。

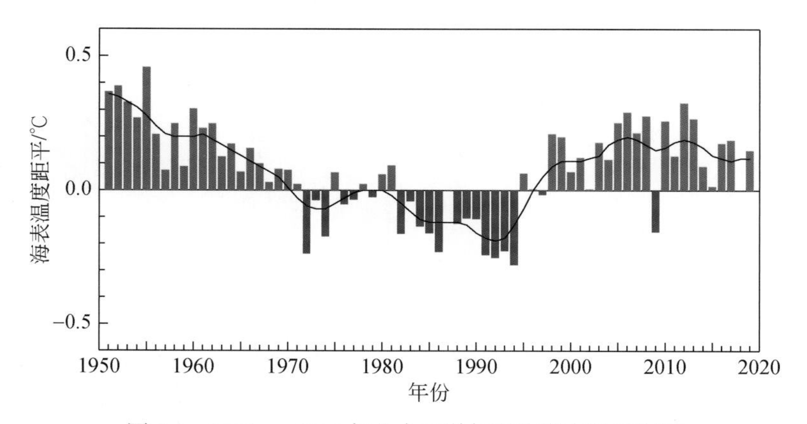

图 2.6　1951 ～ 2019 年北大西洋年平均海表温度距平

Figure 2.6　Annual mean SSTA averaged in the North Atlantic from 1951 to 2019

2.1.2 海洋热含量

海洋热含量是表征气候变化的一项核心指标，其反映海洋水体热量变化，主要由海水温度变化估算而来。海水由于比热容较大，20 世纪 70 年代以来地球系统能量增加中 90% 以上的热量储存在海洋中（Cheng et al., 2019；成里京，2020）。且相对于地表和大气中的指标来说，海洋热含量受厄尔尼诺等气候系统自然变率和天气过程扰动的影响较小，为此海洋热含量变化是气候变化的一个较为稳健的指针。

海洋热含量估算主要基于海洋温度现场观测数据（Meyssignac et al., 2019）。海洋数据分析显示，1958～2019 年，全球海洋热含量（上层 2000 m）呈显著增加趋势（图 2.7），增加速率为 5.7×10^{22} J/10a。海洋变暖在 20 世纪 90 年代后显著加速，1990～2019 年，全球海洋热含量增加速率为 9.6×10^{22} J/10a，是 1958～1989 年增暖速率的 5.6 倍。2019 年，全球海洋热含量再创新高，较常年值偏高 22.8×10^{22} J，比历史第二高年份（2018 年）高出 2.5×10^{22} J。2015～2019 年是有现代海洋观测以来海洋最暖的五个年份（Cheng et al., 2020）。

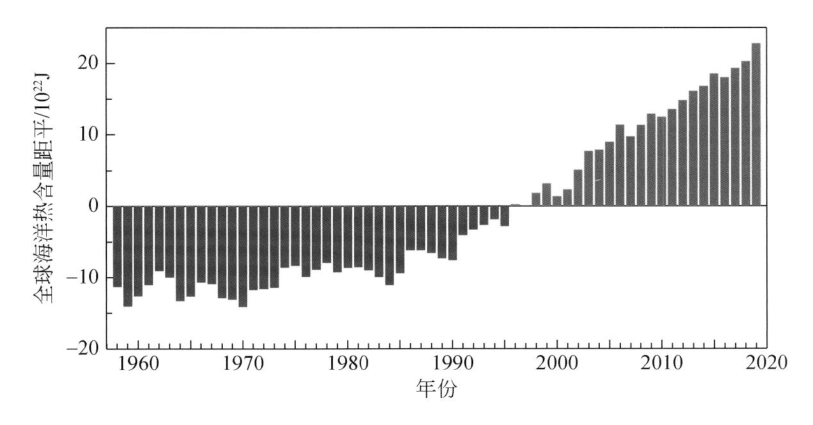

图 2.7 1958～2019 年全球海洋热含量（上层 2000 m）距平变化

资料来源：中国科学院大气物理研究所

Figure 2.7 Global Ocean Heat Content (upper 2000 m) anomalies from 1958 to 2019

Data source: Institute of Atmospheric Physics, Chinese Academy of Sciences

2019 年，全球大部分海域热含量较常年值偏高，南大洋（30°S 以南）和大西洋（30°S～40°N）是偏高最为明显的海区（图 2.8）。南大洋和大西洋大幅偏暖主要是因为其背景大洋环流将表层热量输送至深层，且有较强的垂向混合（Meredith et al., 2019）。1960～2019 年，海洋 0～300 m、300～700 m、700～2000 m 和 2000 m

以下的海洋分别存储了全球海洋 41.0%、21.5%、28.6% 和 8.9% 的热量（Cheng et al., 2020）。

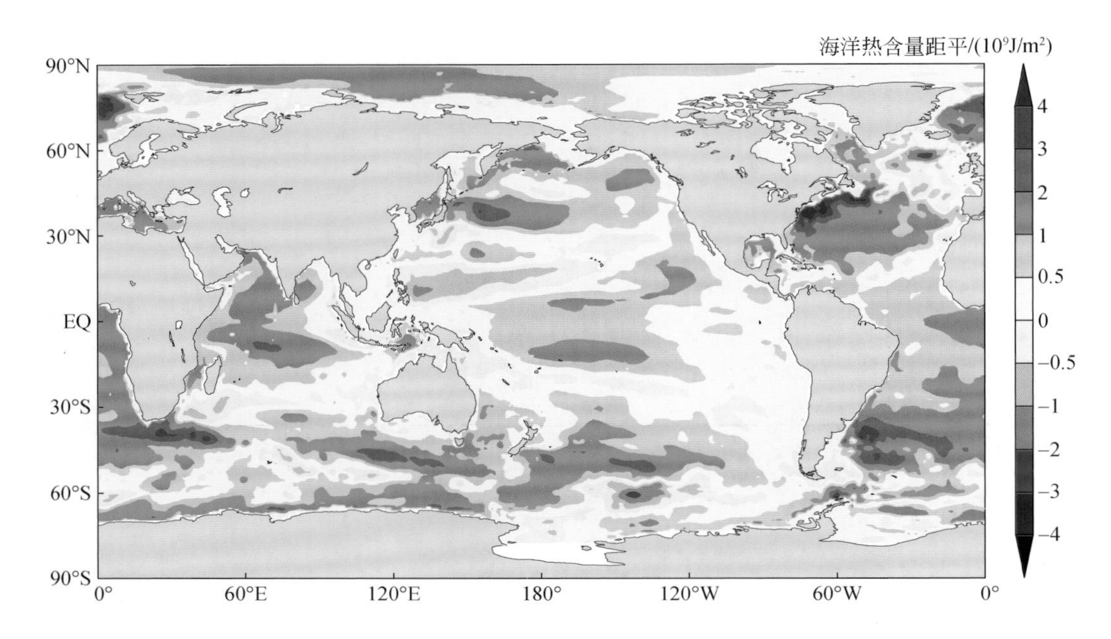

图 2.8　2019 年全球海洋热含量（上层 2000 m）距平分布

资料来源：中国科学院大气物理研究所

Figure 2.8　Distribution of global Ocean Heat Content (upper 2000m) anomalies in 2019

Data source: Institute of Atmospheric Physics, Chinese Academy of Sciences

2.1.3　海平面

气候变暖背景下，全球平均海平面呈加速上升趋势，山地冰川和极地冰盖快速消融、海洋热膨胀是海平面上升的主要原因。全球验潮站和卫星高度计观测数据分析显示，1901 ～ 1990 年，全球平均海平面上升速率为 1.4 mm/a（IPCC, 2019），1970 ～ 2015 年上升速率为 2.1 mm/a，1993 ～ 2019 年上升速率为 3.2 mm/a；且 2006 ～ 2015 年山地冰川和极地冰盖消融明显大于海水热膨胀，是全球平均海平面上升的首要贡献源（IPCC, 2019）。2019 年，全球平均海平面达到有卫星观测记录以来的最高值（WMO, 2020）。

全球海平面变化区域差异明显。验潮站长期观测资料分析显示，1980 ～ 2019 年，中国沿海海平面变化总体呈波动上升趋势（图 2.9），上升速率为 3.4 mm/a，高于同期全球平均水平。2019 年，中国沿海海平面较 1993 ～ 2011 年平均值高 72 mm，较 2018 年升高 24 mm，为 1980 年以来的第三高位；渤海、黄海、东海和南海沿海海平面较

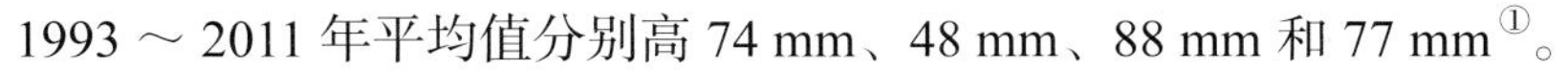

1993 ～ 2011 年平均值分别高 74 mm、48 mm、88 mm 和 77 mm[①]。

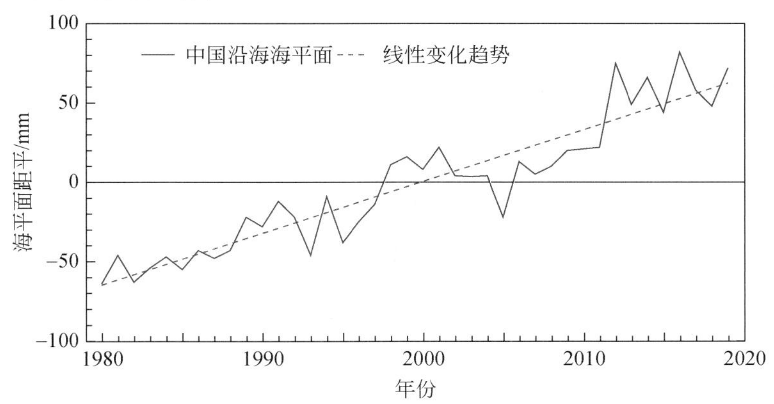

图 2.9 1980 ～ 2019 年中国沿海海平面距平（相对于 1993 ～ 2011 年平均值）

资料来源：国家海洋信息中心

Figure 2.9 Annual mean sea level anomalies (relative to 1993-2011) along China's coast from 1980 to 2019

Data source: National Marine Data & Information Service

香港维多利亚港验潮站监测表明，1954 ～ 2019 年，维多利亚港年平均海平面呈上升趋势，上升速率为 3.2 mm /a；海平面于 1990 ～ 1999 年急速上升，2000 ～ 2008 年缓慢回落，2009 年以来维持高位。2019 年，维多利亚港海平面高度为 1.48 m，较 1993 ～ 2011 年平均值高 40 mm（图 2.10）。

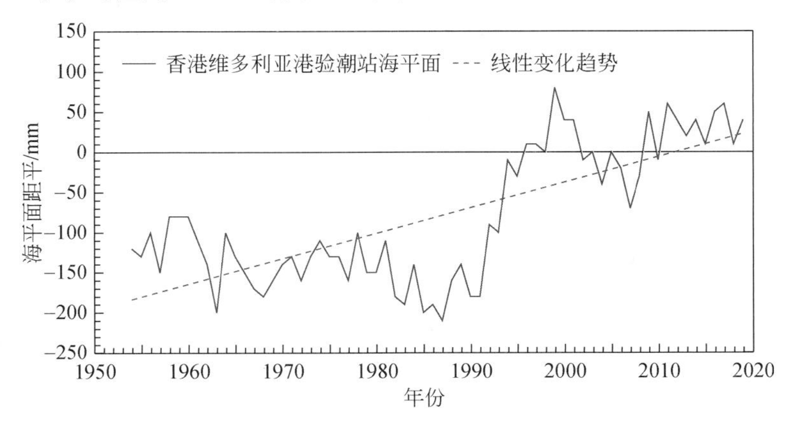

图 2.10 1954 ～ 2019 年香港维多利亚港海平面距平（相对于 1993 ～ 2011 年平均值）

资料来源：香港天文台

Figure 2.10 Annual mean sea level anomalies (relative to 1993-2011) observed at the tide gauge station of Hong Kong Victoria Harbor from 1954 to 2019

Data source: Hong Kong Observatory

①自然资源部海洋预警监测司 . 2020. 2019 年中国海平面公报 .

2.2 陆 地 水

2.2.1 地表水资源量

1961 ～ 2019 年，中国地表水资源量年际变化明显，20 世纪 90 年代中国地表水资源量以偏多为主，2003 ～ 2013 年总体偏少，2015 年以来中国地表水资源量转为以偏多为主（图 2.11）。2019 年，中国地表水资源量较常年值偏少 2.0%，十大流域中松花江、西北诸河和东南诸河流域明显偏多，依次较常年值偏多 31.5%、9.3% 和 8.6%；淮河、西南诸河和海河流域分别较常年值偏少 23.9%、19.1% 和 12.8%；长江流域地表水资源量接近常年，辽河、黄河和珠江流域接近常年值略偏多（表 2.1）。

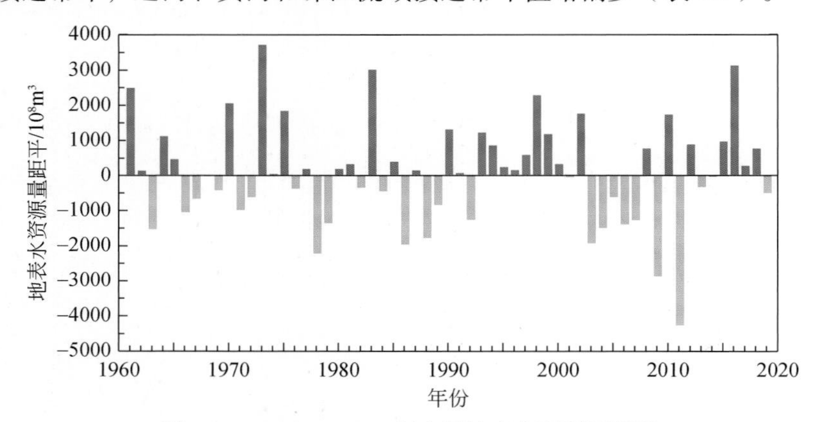

图 2.11　1961 ～ 2019 年中国地表水资源量距平

Figure 2.11　Annual surface water resources anomalies over China from 1961 to 2019

表 2.1　2019 年中国十大流域地表水资源量状况

Table 2.1　Status of annual surface water resources of 10 watersheds across China in 2019

流域	2019 年地表水资源总量 /10^8m^3	2019 年距平 /10^8m^3	2019 年距平百分率 /%
松花江	1 350.5	323.6	31.5
辽河	407.4	19.2	4.9
海河	99.4	−14.7	−12.8
黄河	505.1	23.9	5.0
淮河	610	−192.0	−23.9
长江	10 367.6	−26.1	−0.3

续表

流域	2019 年地表水资源总量 /10^8m^3	2019 年距平 /10^8m^3	2019 年距平百分率 /%
珠江	4 668.7	167.9	3.7
东南诸河	1 917.9	152.3	8.6
西南诸河	4 204.0	−994.2	−19.1
西北诸河	346.2	29.5	9.3

2019 年，中国平均年径流深为 316.3 mm，较常年值略偏低。与常年值相比（图 2.12），淮河流域西南部、长江流域东北部、西南诸河流域东南部等地偏低 100 ～ 200 mm，云南南部偏低 200 mm 以上；东南诸河流域中北部和珠江流域东北部部分地区偏高 100 ～ 200 mm；全国其余地区径流深接近常年值。

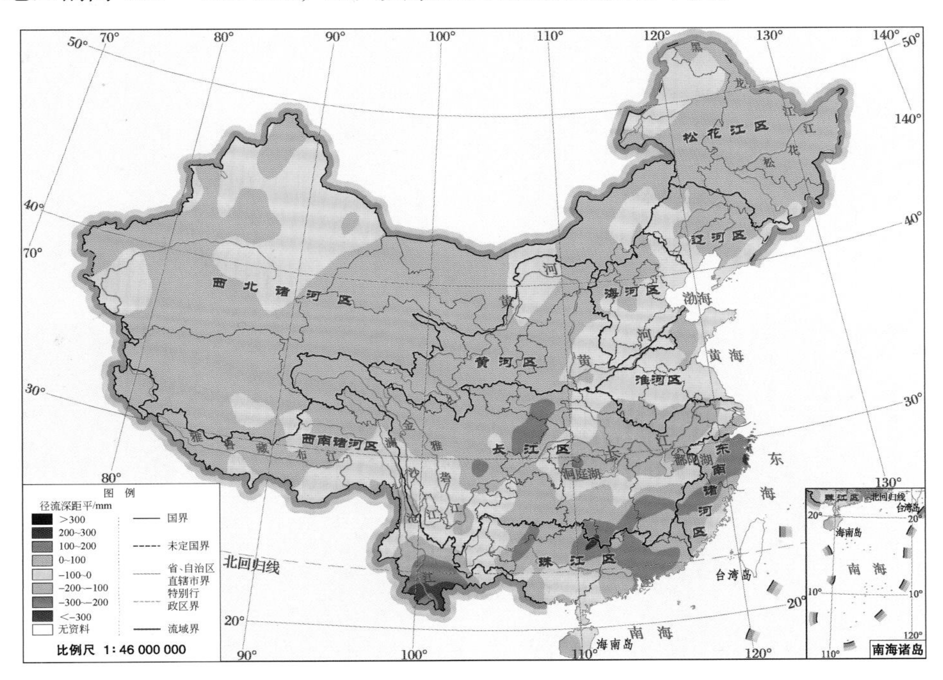

图 2.12　2019 年中国径流深距平分布

Figure 2.12　Distribution of the runoff depth anomalies across China in 2019

2.2.2　湖泊水体面积与水位

1. 鄱阳湖水体面积

1989 ～ 2019 年，鄱阳湖 8 月水体面积年际波动明显（图 2.13）。1998 年之前鄱阳湖 8 月水体面积较 1991 ～ 2010 年同期平均值总体偏小；但 1998 年以来水体面积年际波动幅度明显变大，水体面积最大值和最小值分别出现在 1998 年和 1999 年。2019 年 8 月，鄱阳湖水体面积为 3613 km^2，较 1991 ～ 2010 年同期平均值偏大 7.0%。

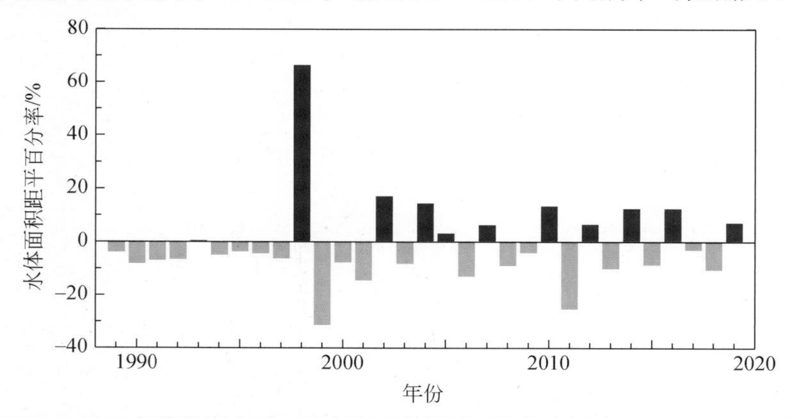

图 2.13　1989 ～ 2019 年鄱阳湖水域 8 月水体面积距平百分率（相对于 1991 ～ 2010 年平均值）

Figure 2.13　Waterbody area anomaly percentages (relative to 1991-2010) of the Poyang Lake in August from 1989 to 2019

2019 年汛期（5 ～ 9 月），鄱阳湖水体面积持续超过 2300 km^2，5 ～ 7 月有所增大后，7 ～ 9 月逐步下降。其中 7 月面积最大，达 3686 km^2；9 月面积最小，为 2342 km^2，仅为 7 月面积的 63.5%（图 2.14）。

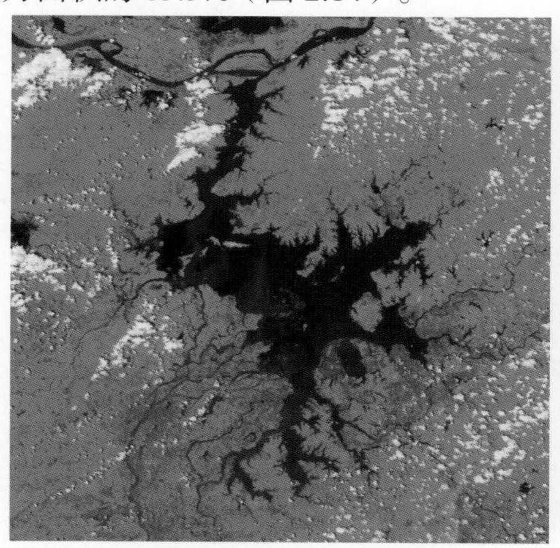

(a) 7月26日13:25(北京时)

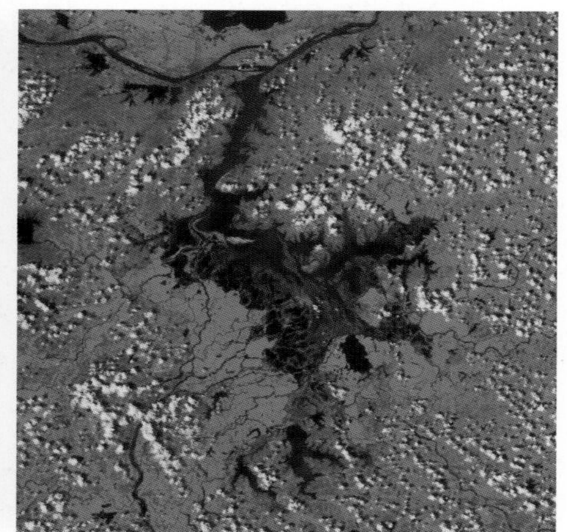

(b) 9月7日13:10(北京时)

图 2.14　2019 年汛期鄱阳湖水域卫星监测图像

利用 FY-3D/MERSI 卫星数据制作

Figure 2.14　Monitoring of the Poyang Lake during flood season in 2019

(a) July 26, 13:25 (Beijing Time); and (b) September 7, 13:10 (Beijing Time)

using FY-3D/MERSI data

2. 洞庭湖水体面积

1989～2019年，洞庭湖8月水体面积总体呈减小趋势，但近年趋于平稳（图2.15）。1989年以来，洞庭湖8月水体面积的最大值和最小值分别出现在1996年和2006年（邵佳丽等，2015）。2019年8月，洞庭湖水体面积为1673 km²，较1991～2010年同期平均值偏小4.0%。

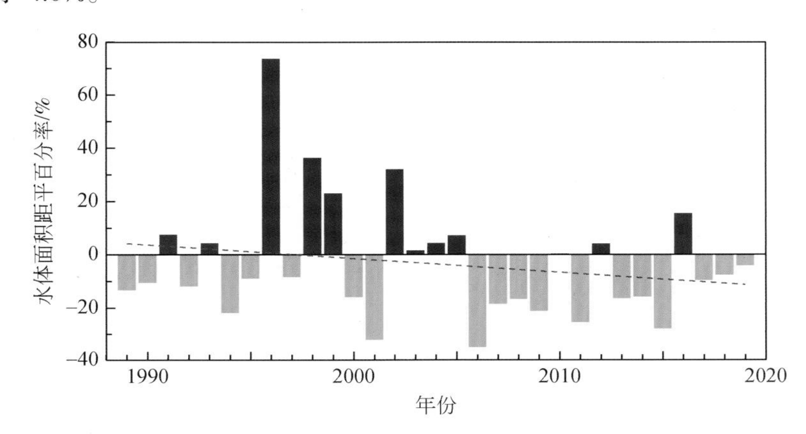

图2.15 1989～2019年洞庭湖水域8月水体面积距平百分率（相对于1991～2010年平均值）
点线为线性趋势线

Figure 2.15 Waterbody area anomaly percentages of the Dongting Lake in August from 1989 to 2019 (relative to 1991-2010)
Purple dotted line stands for the linear trend

2019年汛期（5～9月），洞庭湖水体面积月际变化幅度较大，5～7月水体面积有所增大，之后逐渐减小。其中7月面积最大，达2053 km²；9月面积最小，为906.3 km²，仅为7月面积的44%（图2.16）。

3. 青海湖水位

青海湖是中国最大的内陆湖泊，位于青藏高原的东北部，是维系区域生态安全的重要水系。湖泊水位是反映区域生态气候和水循环的重要监测指标（朱立平等，2019）。1961～2004年，青海湖水位呈显著下降趋势，平均每10年下降0.76 m，湖面萎缩、渔业资源减少、鸟类栖息环境恶化等生态环境效应凸显（杨萍等，2013）。2005年开始，受青海湖流域气候暖湿化的影响，入湖径流量增加，青海湖水位止跌回升（李林等，2011；金章东等，2013），转入上升期。2019年，青海湖流域平均降水量447.7 mm，较常年值偏多71.7 mm，年平均气温较常年值偏高0.4℃；流域冰雪融水和降水补给量均较常年值偏多，青海湖水位达3195.97 m，较常年值高出1.87 m，较

2018 年上升 0.56 m，为 1961 年以来湖泊上升幅度最大的年份（图 2.17）。2005 年以来，青海湖水位连续 15 年回升，累计上升 3.10 m；近三年水位加速上升，2019 年已接近 20 世纪 60 年代初期的水位。

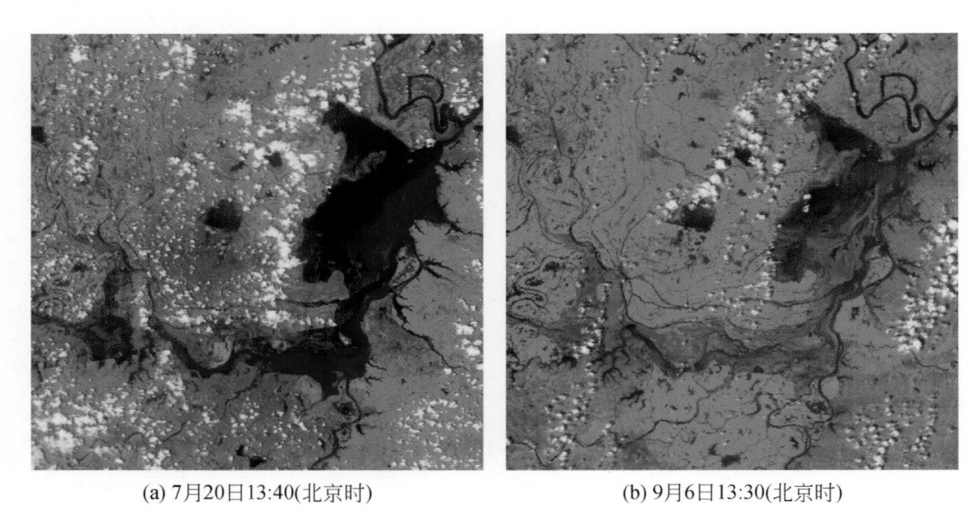

图 2.16　2019 年汛期洞庭湖水域卫星监测图像

利用 FY-3D/MERSI 数据制作

Figure 2.16　Monitoring of the Dongting Lake during flood season in 2019

(a) July 20, 13:40 (Beijing Time); and (b) September 6, 13:30 (Beijing Time) using FY-3D/MERSI data

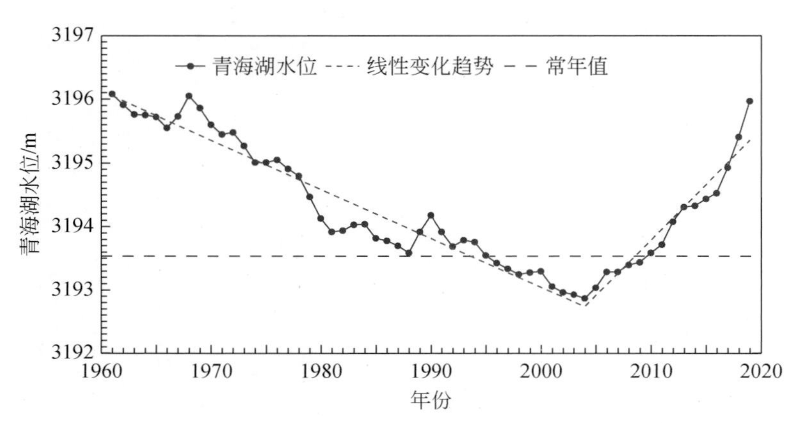

图 2.17　1961 ～ 2019 年青海湖水位变化

数据来源：青海省水利厅

Figure 2.17　Variation of the water level of the Qinghai Lake from 1961 to 2019

Data source: Qinghai Provincial Water Resources Department

2.2.3 地下水水位

地下水水位与降水量、河道流量及持续时间、渗入量及人类活动用水强度等气候环境因素和地质结构密切相关，其存在区域差异及季节、年际动态变化。

1. 河西走廊地下水水位

2005～2019年，河西走廊西部的敦煌和月牙泉、河西走廊东部的武威中部绿洲区地下水水位先下降后上升，民勤青土湖地下水水位表现为稳定上升趋势，而武威东部荒漠区地下水水位呈明显下降趋势（图2.18）。2019年，敦煌、月牙泉、武威中部绿洲区和青土湖监测点浅层地下水埋深依次为18.96 m、12.65 m、6.10 m和2.91 m，分别较2018年减少0.94 m、0.35 m、0.10 m和0.01 m，均达到或接近2005年以来的最高水位；武威东部荒漠区监测点浅层地下水埋深为34.70 m，与2018年持平。

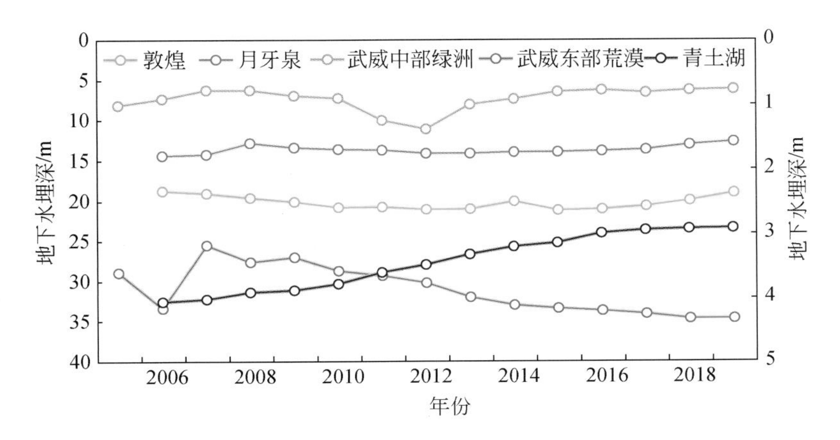

图2.18 2005～2019年河西走廊典型生态区地下水埋深变化

右侧纵坐标轴对应为青土湖地下水埋深

Figure 2.18 Variation of annual groundwater depth in typical ecological regions of Hexi Corridor from 2005 to 2019

The right axis scales the groundwater depth in the Qingtu Lake

2. 江汉平原地下水水位

1981～2019年，江汉平原荆州站地下水水位与降水量密切相关，阶段性变化特征明显。1981～2002年，荆州站地下水水位波动上升，随后缓慢下降（图2.19）。2019年，荆州站年降水量为806.6 mm，较常年值偏少270.5 mm，比2018年偏少181.4 mm；

2019 年，荆州站浅层地下水埋深为 1.65 m，比 2018 年增加 0.25 m，地下水水位降至 1981 年以来最低。

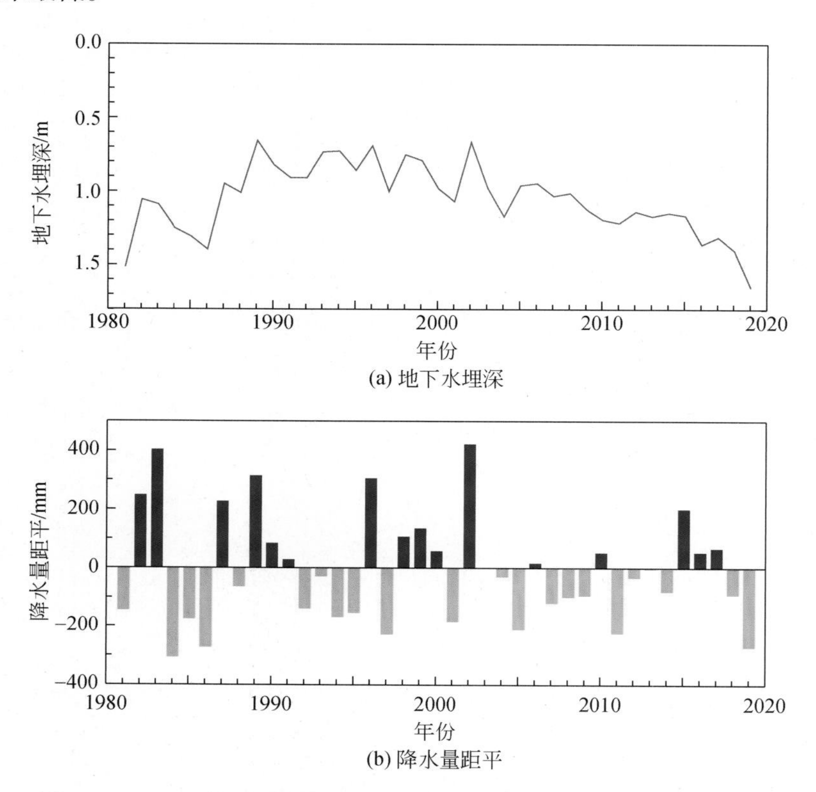

图 2.19　1981 ～ 2019 年江汉平原荆州站地下水埋深和降水量距平变化

Figure 2.19　Variation of annual (a) groundwater depth and (b) precipitation anomaly at Jingzhou Observing Site in Jianghan Plain from 1981 to 2019

第3章　冰　冻　圈

冰冻圈，是指地球表层连续分布且具一定厚度的负温圈层，主要分布于地球两极和高山地区，其组成要素包括冰川（含南极冰盖和格陵兰冰盖及冰帽）、冻土（多年冻土和季节冻土）、积雪、河冰、湖冰，海冰、冰架、冰山和海底多年冻土，以及大气圈对流层和平流层内的冻结状水体（秦大河等，2020）。作为气候系统五大圈层之一，冰冻圈储存了地球 75% 的淡水资源，是全球气候变化的调控器和启动器，不同时空尺度的冰冻圈变化对大气、水资源和水循环、生态系统、陆地和海洋环境、国际地缘政治、全球和区域社会经济发展等有重要影响。中国是中低纬度冰冻圈最发育的国家，以退缩为明显特征的冰冻圈变化与气候安全、生态环境保护、重大工程建设和社会经济可持续发展等息息相关（姚檀栋，2019；康世昌等，2020）。

3.1　陆地冰冻圈

3.1.1　冰川

1. 冰川物质平衡

冰川物质平衡是表征冰川变化（积累和消融）的重要指标，主要受控于物质和能量收支状况，其对气温、降水和地表辐射变化响应敏感（李忠勤等，2019；Xu et al., 2019）。据世界冰川监测服务处（https://www.wgms.ch/）资料，1960 ～ 2019 年，全球参照冰川（Zemp et al., 2019）平均物质平衡量为 –429 mm/a。20 世纪 60 年，全球冰川相对稳定，参照冰川平均物质平衡量为 –186 mm/a；1970 ～ 1984 年，全球冰川快速消融，参照平均物质平衡量为 –230 mm/a；1985 年以来，全球冰川消融加速，1985 ～ 2019 年参照平均物质平衡量为 –584 mm/a（图 3.1）。2019 年，全球冰川总体处于物质高亏损状态，参照冰川平均物质平衡量达到 –1131 mm，为 1960 年以来冰川消融最为强烈的年份；1970 ～ 2019 年，全球参照冰川平均累积物质损失已达到 23.655 m 水当量。

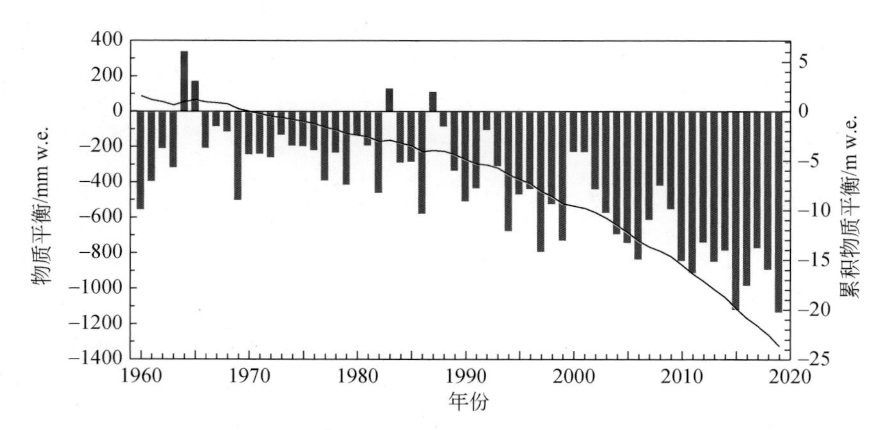

图 3.1　1960 ～ 2019 年全球参照冰川平均物质平衡（柱形图）和累积物质平衡（曲线，相对于 1970 年）变化

资料来源：世界冰川监测服务处

Figure 3.1　Global annual mass change (column) and cumulative mass change relative to 1970 (curve) of reference glaciers from 1960 to 2019

Data source: World Glacier Monitoring Service

中国天山乌鲁木齐河源 1 号冰川（43°05′N，86°49′E；简称乌源 1 号冰川）是全球参照冰川之一（李忠勤等，2007）。长期监测结果表明，1960 ～ 2019 年，乌源 1 号冰川平均物质平衡量为 –343 mm/a，冰川呈加速消融趋势（图 3.2），与全球冰川总

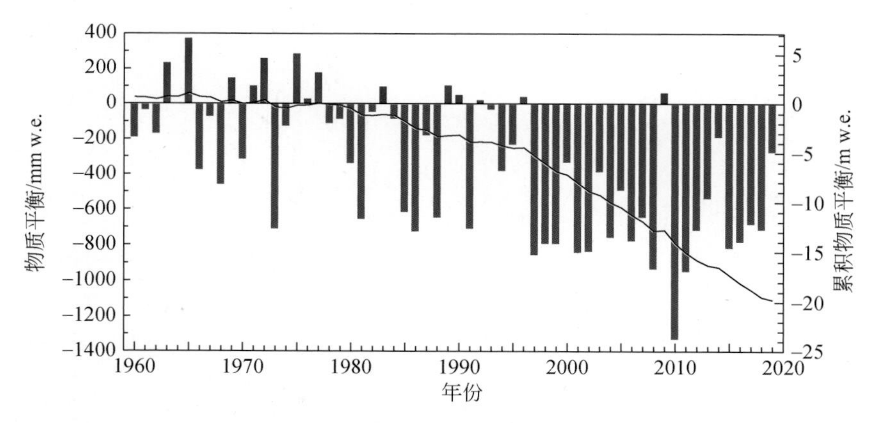

图 3.2　1960 ～ 2019 年天山乌鲁木齐河源 1 号冰川物质平衡（柱形图）和累积物质平衡（曲线，相对于 1970 年）变化

资料来源：中国科学院天山冰川观测试验站

Figure 3.2　Annual mass change (column) and cumulative mass change relative to 1970 (curve) of Glacier No.1 at the headwaters of Urumqi River in Tianshan Mountain from 1960 to 2019

Data source: Tianshan Glaciological Station, Chinese Academy of Sciences

体变化相一致。1960年以来乌源1号冰川经历了两次加速消融过程：第一次发生在1985年前后，多年平均物质平衡量由1960～1984年的–81 mm/a降至1985～1996年的–273 mm/a；第二次从1997年开始，更为强烈，致使1997～2019年的多年平均物质平衡量降至–666 mm/a，其中2010年冰川物质平衡量跌至–1327 mm，为有观测资料以来的最低值。2011年以来，冰川物质平衡量表现出波动性变化，在经历2011～2014年的阶段性消融减缓后，再次转入高物质亏损状态。2019年，乌源1号冰川物质平衡量为–272 mm，冰川物质损失量低于近五年的平均值。1970～2019年，乌源1号冰川累积物质损失19.764m水当量，略小于同期全球冰川消融平均水平。

木斯岛冰川（47°04′N，85°34′E）位于萨吾尔山北坡（怀保娟等，2016），是阿尔泰山地区的参照冰川之一。自2014年连续系统观测以来，该冰川处于较乌源1号冰川更为严重的物质亏损状态。2016年和2017年木斯岛冰川的物质平衡量分别为–975 mm和–1192 mm；2018年达–1286 mm；2019年为–310 mm，消融较近年明显减弱。

小冬克玛底冰川（33°04′N，92°04′E）位于青藏高原腹地唐古拉山口，是长江源区布曲流域典型的大陆型冰川。根据最新的实测资料，冰川面积为1.705 km^2，末端海拔5430 m，最高点5919 m；冰川表面集中分布于海拔5550 m～5790 m，占冰川总面积的70.3%（张健等，2013）。冰川物质平衡监测显示，1989～2019年，小冬克玛底冰川平均物质平衡量为–305 mm/a，整体上呈加速消融趋势（图3.3）。1989～1997年，小冬

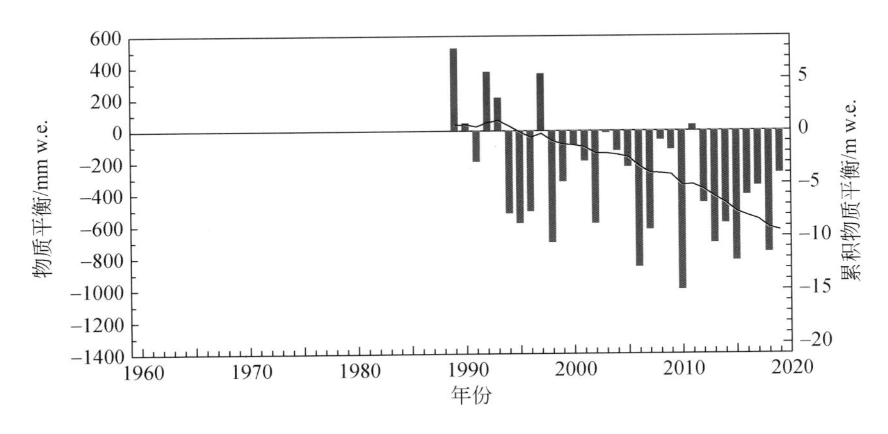

图3.3 1989～2019年长江源区小冬克玛底冰川物质平衡（柱形图）和累积物质平衡（曲线，相对于1989年）变化

资料来源：中国科学院冰冻圈科学国家重点实验室唐古拉冰冻圈与环境观测研究站

Figure 3.3 Annual mass change (column) and cumulative mass change relative to 1989 (curve) of Xiao Dongkemadi Glacier in the source region of Yangtze River from 1989 to 2019

Data source: Tanggula Cryosphere and Environment Observation Station, State Key Laboratory of Cryospheric Science, Chinese Academy of Sciences

克玛底冰川相对稳定，平均物质平衡量为 –30 mm/a；1998 ～ 2004，冰川发生明显消融，平均物质平衡量为 –288 mm/a；2005 ～ 2019 年，处于加速消融状态，平均物质平衡量降至 –478 mm/a，其中 2010 年冰川物质平衡量跌至 –996 mm，为有观测资料以来的最低值。2019 年，小冬克玛底冰川物质平衡量为 –265 mm，与乌源 1号冰川和木斯岛冰川物质平衡量相接近，但物质损失均明显低于全球参照冰川平均。1989 ～ 2019 年，小冬克玛底冰川累积物质损失 9.459m 水当量，弱于同期乌源 1 号冰川消融强度。

2. 冰川末端位置

冰川末端进退亦是反映冰川变化的重要监测指标之一，是冰川对气候变化的综合及滞后响应。1980 年以来，乌源 1 号冰川末端退缩速率总体呈加快趋势（图 3.4）。由于强烈消融，乌源 1 号冰川在 1993 年分裂为东、西两支。监测结果表明，在冰川分裂之前的 1980 ～ 1993 年，冰川末端平均退缩速率为 3.6 m/a；1994 ～ 2019 年，东、西支末端平均退缩速率分别为 4.9 m/a 和 5.7 m/a。2011 年之前，西支末端退缩速率大于东支，之后两者退缩速率呈现出交替变化特征；2017 年以来，东支末端退缩速率持续攀升。2019 年，乌源 1 号冰川东、西支末端分别退缩了 9.3 m 和 4.9 m，其中东支末端的退缩速率继 2018 年后再次创下新的观测纪录。

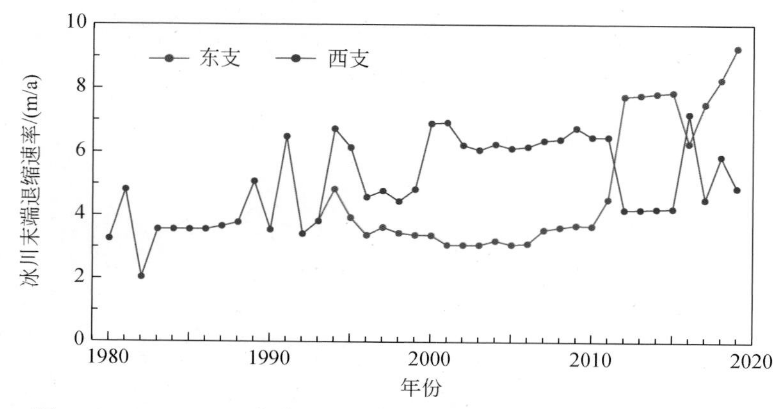

图 3.4　1980 ～ 2019 年中国天山乌鲁木齐河源 1 号冰川末端退缩速率

资料来源：中国科学院天山冰川观测试验站

Figure 3.4　Retreat rate of Glacier No.1 at the headwaters of Urumqi River in Tianshan Mountain from 1980 to 2019

Data source: Tianshan Glaciological Station, Chinese Academy of Sciences

1989 ～ 2017 年，阿尔泰山区木斯岛冰川的平均退缩速率为 11.5 m/a，高于同期乌源 1 号冰川的平均退缩速率。2019 年，木斯岛冰川末端退缩了 7.6 m，较 2018 年的 10.9 m，有所减缓。

长江源区冬克玛底冰川因强烈消融于2009年分离为大、小冬克玛底冰川。2009～2019年，大、小冬克玛底冰川末端平均退缩速率分别为7.7 m/a和6.6 m/a，退缩速率总体呈弱的上升趋势。2019年，大、小冬克玛底冰川末端分别退缩了7.7 m和6.7 m。

3.1.2 冻土

多年冻土是冰冻圈的重要组成部分。青藏高原是全球中纬度面积最大的多年冻土分布区（程国栋等，2019），多年冻土的存在和变化对区域气候、生态环境和水资源安全、寒区重大工程建设和安全运营等产生显著影响。位于多年冻土之上的活动层是多年冻土与大气之间水热交换的过渡层，活动层厚度是多年冻土区气候环境变化最直观的监测指标之一，其变化是多年冻土区陆面水热综合作用的结果（赵林等，2019）。青藏公路沿线（昆仑山垭口至两道河段）多年冻土区10个活动层观测场监测结果显示，1981～2019年，活动层厚度呈显著增加趋势（图3.5），平均每10年增厚19.6 cm。2004～2019年活动层底部（多年冻土上限）温度呈显著的上升趋势，平均每10年升高0.39℃。活动层近年表现出增厚加快的特点，多年冻土退化明显。

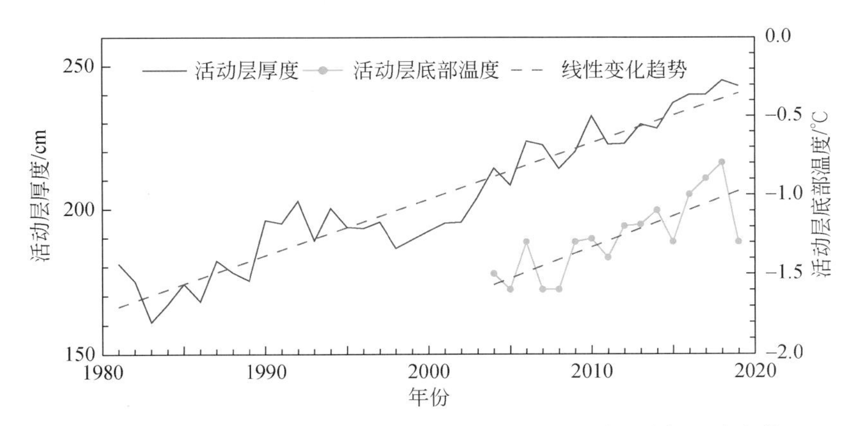

图3.5 青藏公路沿线多年冻土区活动层厚度和活动层底部温度变化

资料来源：中国科学院青藏高原冰冻圈观测研究站

Figure 3.5 Active layer thickness and temperate of bottom of permafrost in the permafrost zone along the Qinghai-Xizang Highway

Data source: The Cryosphere Research Station on the Qinghai-Xizang Plateau, Chinese Academy of Sciences

2019年，青藏公路沿线多年冻土区平均活动层厚度为243cm，为有连续观测记录以来的第二高值，仅次于2018年；多年冻土区活动层底部平均温度为–1.3 ℃。

西藏中东部地区15个气象站点季节最大冻结深度监测结果显示，1961～2019年，季节最大冻结深度总体呈减小趋势（图3.6），平均每10年减小6.4 cm；且阶段性变化特征明显，20 世纪 60 年代初期至 80 年代中期，季节最大冻结深度以较大幅度的年际波动为主，80 年代末以来呈显著减小趋势，1998 年以来持续小于常年值，季节冻土呈退化趋势。2019 年，西藏中东部地区季节最大冻结深度较常年值偏小 6.4 cm，比 2018 年增大 22.1 cm。

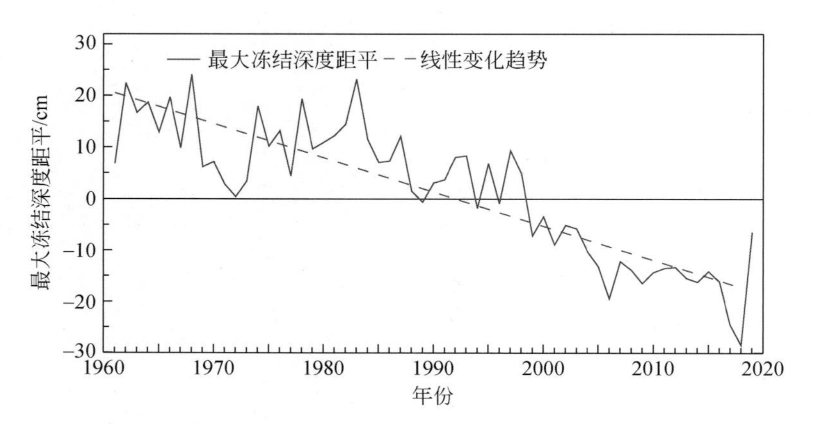

图 3.6　1961 ～ 2019 年西藏中东部地区季节最大冻结深度距平

Figure 3.6　Maximum seasonal soil freezing depth anomalies in the central and eastern Xizang from 1961 to 2019

东北地区 109 个气象站点季节最大冻结深度监测结果显示，1961 ～ 2019 年，季节最大冻结深度呈减小趋势（图 3.7），平均每 10 年减小 5.2 cm。2019 年，东北地区季节最大冻结深度接近常年值。

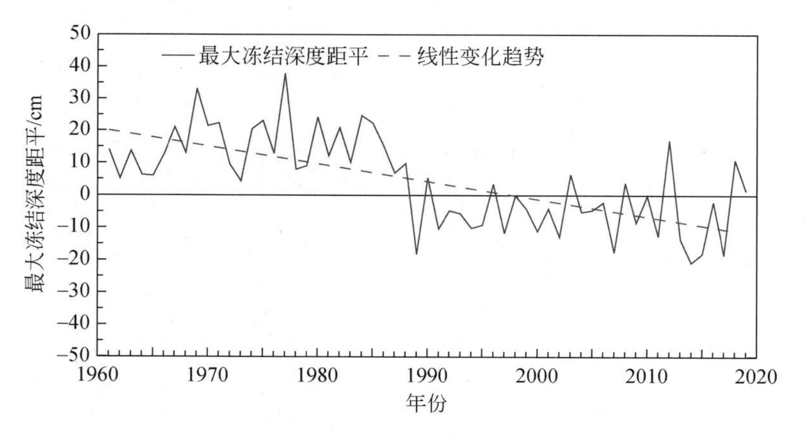

图 3.7　1961 ～ 2019 年东北地区季节最大冻结深度距平

Figure 3.7　Maximum seasonal soil freezing depth anomalies in Northeast China from 1961 to 2019

3.1.3 积雪

积雪是冰冻圈的重要组成部分，也是重要的淡水资源。积雪存在着显著的季节和年际变化，其空间分布、属性及积雪期的变化能对大气环流和气候变化迅速做出反应（张廷军和车涛，2019），被认为是气候变化的重要指示器。卫星监测表明，2002～2019年，中国主要积雪区（青藏高原、东北及中北部、西北积雪区）平均积雪覆盖率总体呈弱的下降趋势，年际振荡明显（图3.8）。2019年，东北及中北部和西北积雪区积雪覆盖率分别为25.6%和29.8%，均较2002～2018年平均值偏低，其中东北及中北部积雪区积雪覆盖率为2002年以来的最低值；青藏高原积雪区积雪覆盖率为48.1%，为2002年以来的最高值。

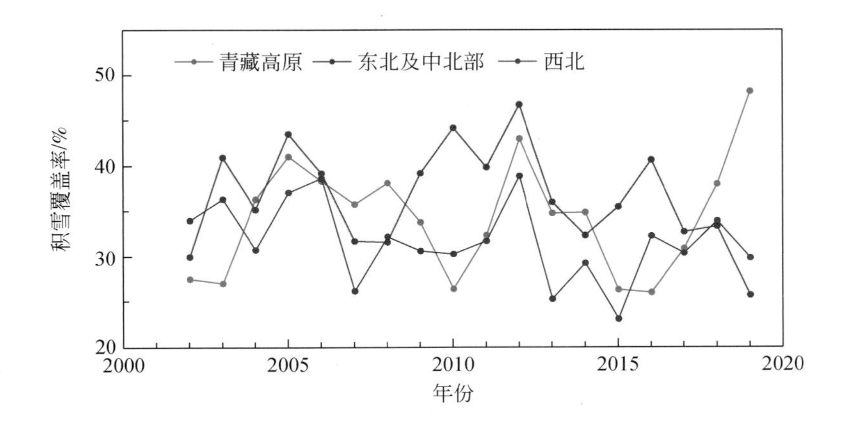

图3.8　2002～2019年中国主要积雪区积雪覆盖率

Figure 3.8　Snow cover fraction anomalies over the major snow-covered regions of China from 2002 to 2019

积雪日数监测结果显示，2019年，黑龙江西北部、内蒙古东北部部分地区、青藏高原东北部和东南部、喜马拉雅山西段、天山区、阿尔泰山区等地积雪覆盖日数超过100天，其中部分地区超过120天（图3.9）。

与2002～2018年平均值相比，2019年东北地区北部部分地区、青藏高原大部、甘肃西部和新疆西北部局部地区积雪覆盖日数偏多20天以上（图3.10），其中青藏高原积雪区平均积雪日数为2002年以来最多；东北地区大部、内蒙古中东部、新疆中北部等地偏少20天以上，东北及中北部积雪区平均积雪日数为2002年以来最少。

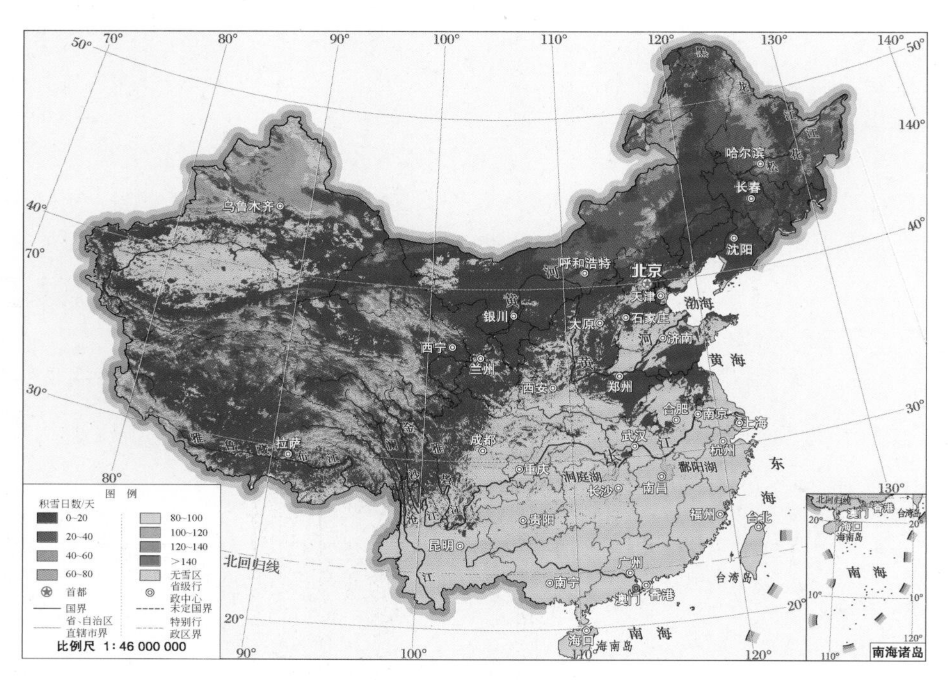

图 3.9　2019 年中国积雪覆盖日数分布

Figure 3.9　Distribution of the snow cover days across China in 2019

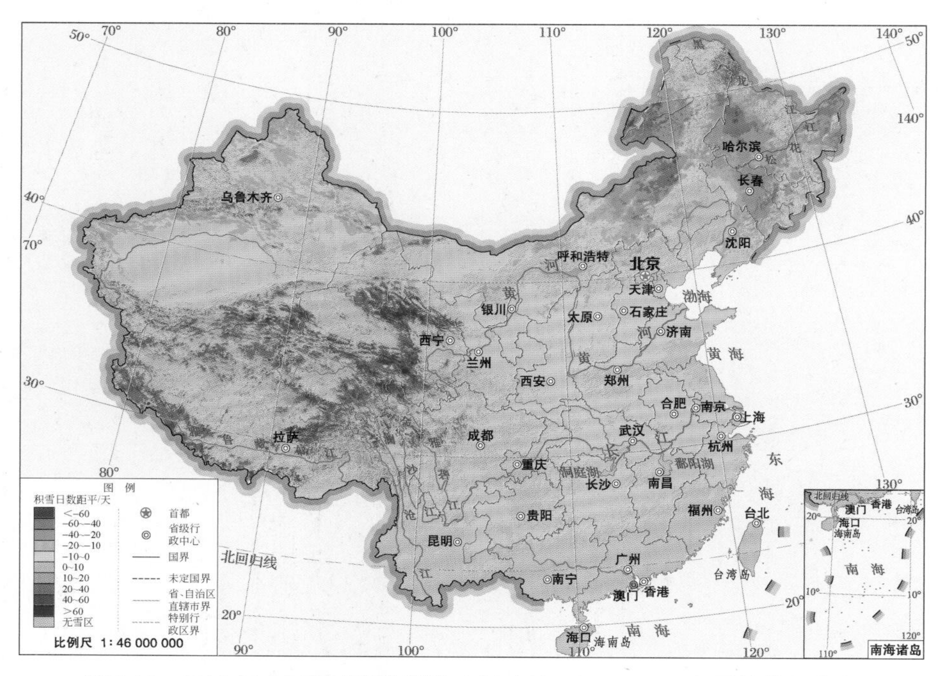

图 3.10　2019 年中国积雪日数距平（相对于 2002 ～ 2018 年平均值）分布

Figure 3.10　Distribution of the snow cover days anomalies (relative to 2002-2018) across China in 2019

3.2 海洋冰冻圈

3.2.1 北极海冰

海冰作为冰冻圈系统的重要成员，其高反照率和对海洋大气间热量和水汽交换的抑制作用，以及海冰生消所伴随的潜热变化，对高纬地区海洋大气的热量收支和海洋生态环境产生重要影响。海冰范围、厚度及密集度季节和年际变化直接引起高纬地区大气环流变化，而且通过遥相关与复杂的反馈过程影响中、低纬地区的天气气候系统（效存德等，2020）。

北极海冰范围（海冰密集度≥ 15% 的区域）通常在 3 月和 9 月分别达到其最大值和最小值。1979 ～ 2019 年，北极海冰范围呈一致性的下降趋势，3 月和 9 月海冰范围的线性趋势分别为平均每 10 年减少 2.7% 和 12.9%。2019 年 3 月，北极海冰范围是 $1455\times10^4\text{km}^2$［图 3.11（a）］，较常年值偏小 5.7%（$88\times10^4\text{km}^2$）；2019 年 9 月，北极海冰范围为 $432\times10^4\text{km}^2$［图 3.11（b）］，较常年值偏小 32.6%（$209\times10^4\text{km}^2$），为有卫星观测记录以来的第三低值。

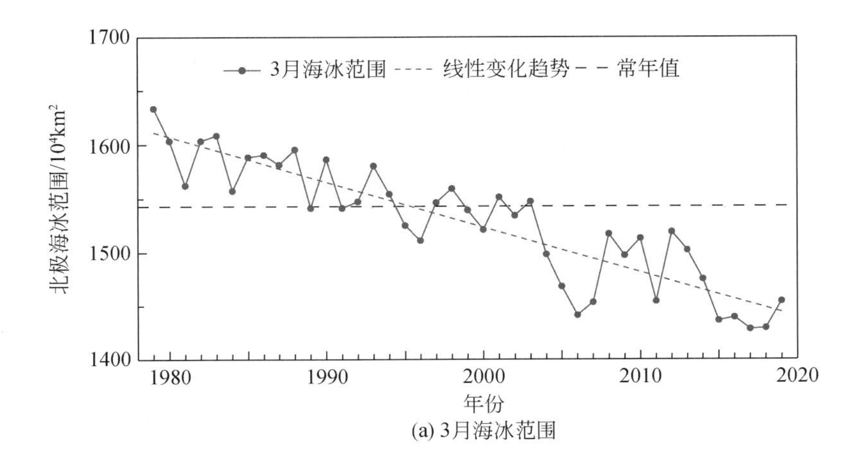

(a) 3月海冰范围

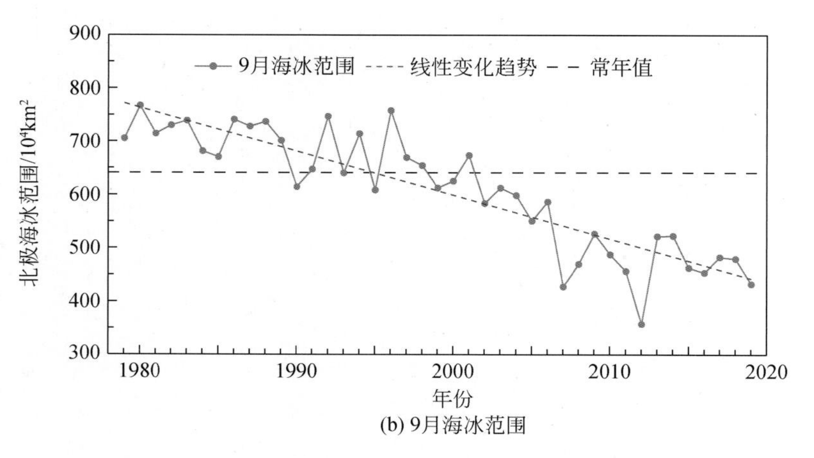

(b) 9月海冰范围

图 3.11 1979 ～ 2019 年 3 月和 9 月北极海冰范围变化

Figure 3.11 (a) March and (b) September sea ice extent for the Arctic from 1979 to 2019

3.2.2 南极海冰

与北极地区不同，南极海冰范围通常在 9 月和 2 月分别达到其最大值和最小值。1979 ～ 2019 年，南极海冰范围无显著的线性变化趋势。1979 ～ 2015 年，南极海冰范围波动上升；但 2016 年以来海冰范围持续偏小。2019 年 9 月，南极海冰范围为 $1824\times10^4km^2$［图 3.12（a）］，较常年值偏小 1.4%（$25\times10^4km^2$）；2019 年 2 月，南极海冰范围为 $266\times10^4km^2$［图 3.12（b）］，较常年值偏小 13.4%（$41\times10^4km^2$）。

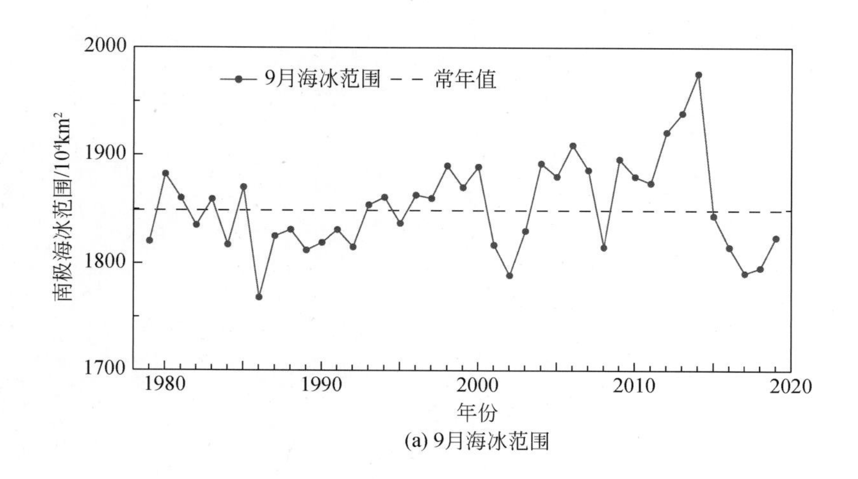

(a) 9月海冰范围

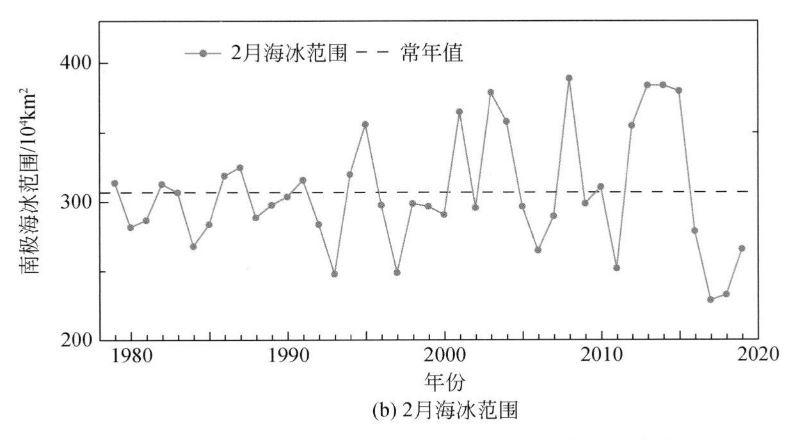

(b) 2月海冰范围

图 3.12 1979 ～ 2019 年 9 月和 2 月南极海冰范围变化

Figure 3.12 (a) September and (b) February sea ice extent for the Antarctic from 1979 to 2019

3.2.3 渤海海冰

中国海冰主要出现在每年冬季的渤海，该区域是全球纬度最低的结冰海域。其冰情演变过程可分为初冰期、发展期和终冰期三个阶段。

风云卫星海冰遥感监测结果显示，2018/2019 年冬季，渤海海冰初冰日出现于 2018 年 12 月上旬，融退于 2019 年 2 月中旬，冰情较 1994 ～ 2018 年平均水平偏轻，属轻冰年份（图 3.13）。海冰主要出现于辽东湾，而渤海湾和莱州湾未见明显冰情。2018/2019 年冬季，渤海全海域最大海冰面积为 8918 km^2，出现于 2019 年 2 月 7 日（图 3.14），仅为 2017/2018 年冬季最大海冰面积的 39%，为 1994 年以来年冬季最大海冰面积的第四低值。

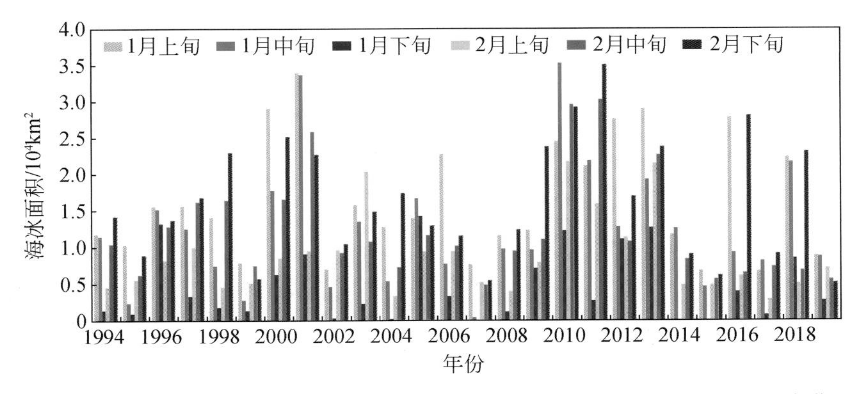

图 3.13 1994 ～ 2019 年逐旬（1 月上旬至 2 月下旬）渤海最大海冰面积变化

Figure 3.13 Variation of the ten-day maximum sea ice area in Bohai Sea from early January to late February during 1994-2019

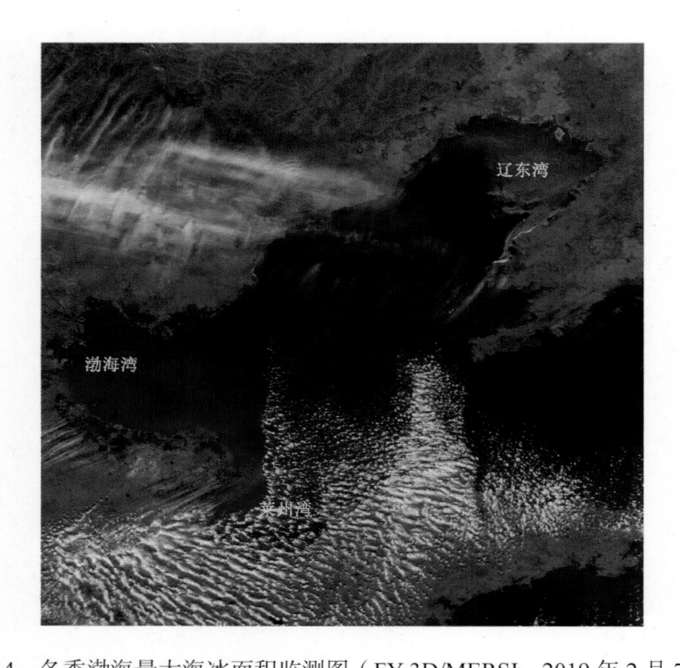

图 3.14　冬季渤海最大海冰面积监测图（FY-3D/MERSI，2019 年 2 月 7 日）
Figure 3.14　Satellite monitoring of Bohai sea ice (FY-3D/MERSI) on February 7, 2019

第4章　陆地生物圈

陆地占地球表面的29%，陆地生态系统可为人类生存和发展提供不可或缺的自然资源。气候要素是决定陆地生态系统分布、结构及功能的主要因素，而陆地生物圈通过调节水循环、碳氮循环和能量流动过程从而影响整个气候系统，同时对水资源、粮食安全、环境和众多行业领域产生深远的影响。综合利用地面观测和卫星遥感资料开展对地表温度、土壤湿度及陆地生态特征、生物地球化学循环等多尺度陆面过程关键要素或变量的监测，是科学认识陆地生物圈变化规律、保障生态文明建设和区域气候变化适应的重要前提。

4.1　地表温度

1961～2019年，中国年平均地表温度（0 m地温）呈显著上升趋势（图4.1），平均每10年上升0.33℃。20世纪60年代初期至70年代中期，中国年平均地表温度呈阶段性下降趋势，之后中国年平均地表温度呈明显上升趋势（Wang et al., 2017），但

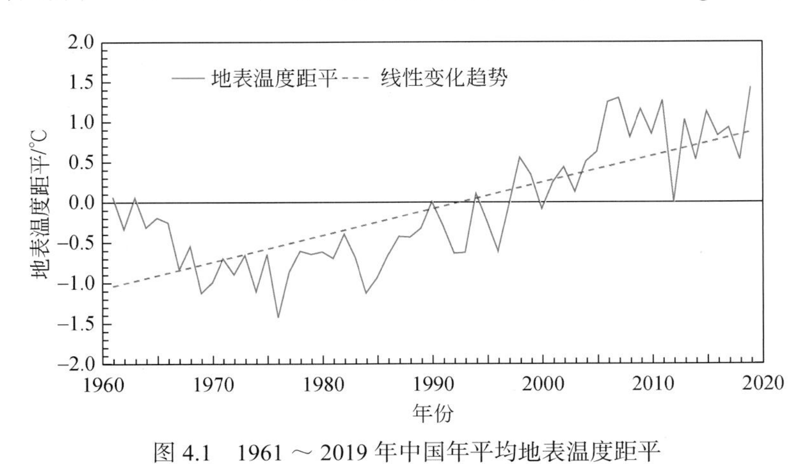

图4.1　1961～2019年中国年平均地表温度距平

Figure 4.1　Annual mean land surface temperature anomalies over China from 1961 to 2019

2005 年以来变化趋于平稳。2019 年，中国年平均地表温度为 14.3 ℃，较常年值偏高 1.4 ℃，为 1961 年以来的最高值。

2019 年，中国大部地区地表温度较常年值偏高（图 4.2），东北、华北、黄淮、江淮、江南北部和东部、华南东南部、西南东南部、西北大部地表温度偏高 1 ℃以上，其中黑龙江中北部、吉林中东部、内蒙古东北部、云南东部和新疆北部等地偏高 2 ℃以上；四川中部、广西中部和西藏东南部的部分地区地表温度偏低 0 ～ 1 ℃。

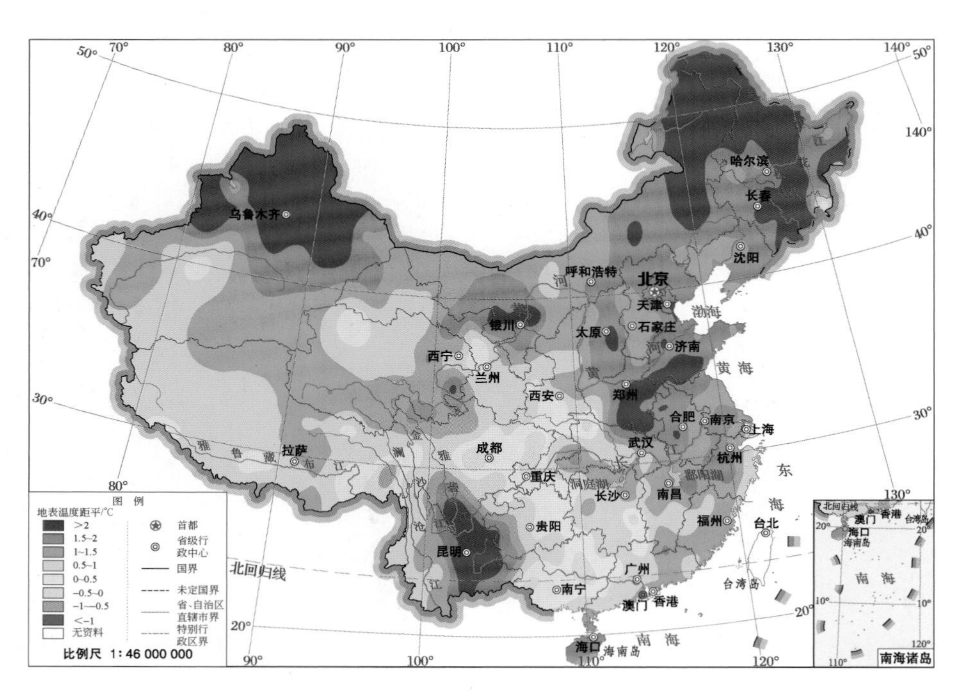

图 4.2　2019 年中国年平均地表温度距平空间分布

Figure 4.2　Distribution of annual mean land surface temperature anomalies across China in 2019

4.2　土壤湿度

1993 ～ 2019 年，中国不同深度（10 cm、20 cm 和 50 cm）年平均土壤相对湿度总体呈增加趋势，且随着深度的增加，土壤相对湿度增大（图 4.3）。从阶段性变化来看，20 世纪 90 年代至 21 世纪初，土壤相对湿度呈减小趋势，之后呈波动上升趋势，特别是 2012 年以来增加趋势明显。2019 年，中国 10 cm、20 cm 和 50 cm 深度年平均土壤相对湿度分别为 72%、76% 和 79%，均较 2018 年有所下降。

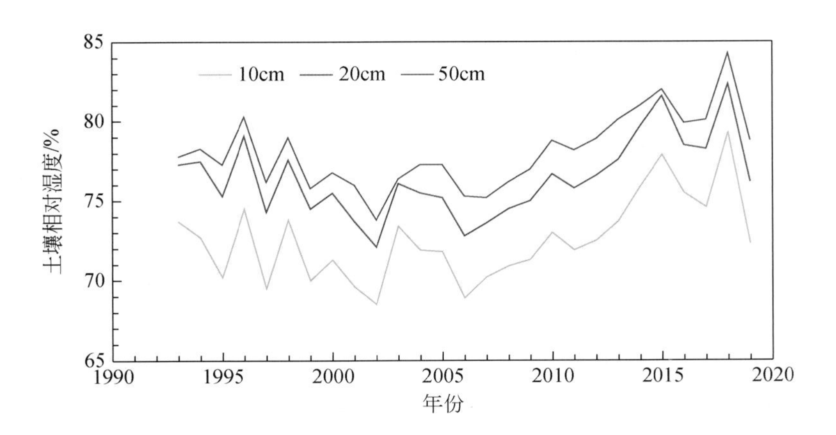

图 4.3　1993 ～ 2019 年中国年平均土壤相对湿度

Figure 4.3　Annual mean relative soil moisture anomalies in China from 1993 to 2019

4.3　陆地植被

4.3.1　植被覆盖

2000 ～ 2019 年，中国年平均归一化差植被指数（normalized difference vegetation index，NDVI）（刘良云，2014）呈显著的上升趋势（图 4.4），全国整体的植被覆盖

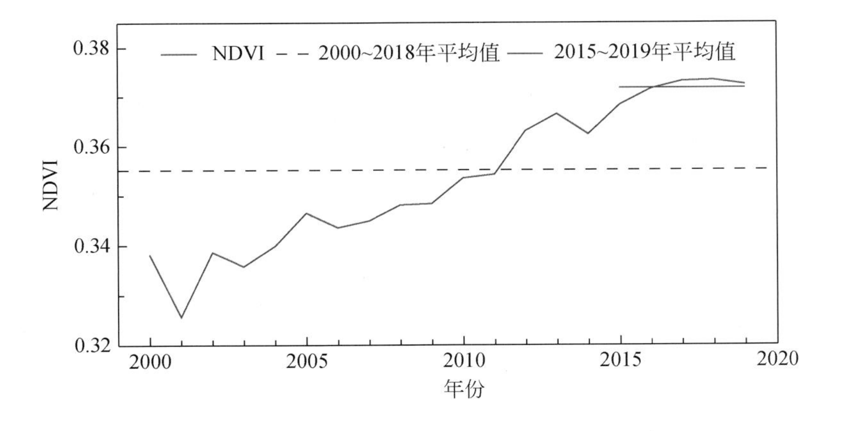

图 4.4　2000 ～ 2019 年卫星遥感（EOS/MODIS）中国年平均归一化差植被指数

Figure 4.4　Annual mean normalized difference vegetation index (NDVI) averaged over China using EOS/MODIS data from 2000 to 2019

稳定增加，呈现变绿趋势。2015～2019年，中国平均NDVI较2000～2018年平均值上升5.5%，为2000以来植被覆盖度最高的五年；2019年，中国平均NDVI为0.373，较2000～2018年平均值上升5.7%，略高于近五年的平均水平。

2019年，中国中东部大部地区、青藏高原中东部、天山和阿尔泰山区等地年平均NDVI超过0.2［图4.5（a）］；东北东部和北部、内蒙古东北部、陕西南部、黄淮西部以及黄淮以南大部年平均NDVI超过0.6，植被覆盖明显好于其他地区；内蒙古中西部、西北中西部大部以及青藏高原北部和中西部年平均NDVI低于0.2，植被覆盖相对较差。

与2000～2018年平均值相比，2019年我国中东部大部植被长势以偏好为主［图4.5（b）］，植被覆盖偏好的区域（NDVI增幅超过0.02）占全国总面积的43.5%；植被略偏差的区域（NDVI下降幅度超过0.02）主要分布于黑龙江西部和南部、吉林中部、内蒙古东北部局部以及西藏东南部局部地区。

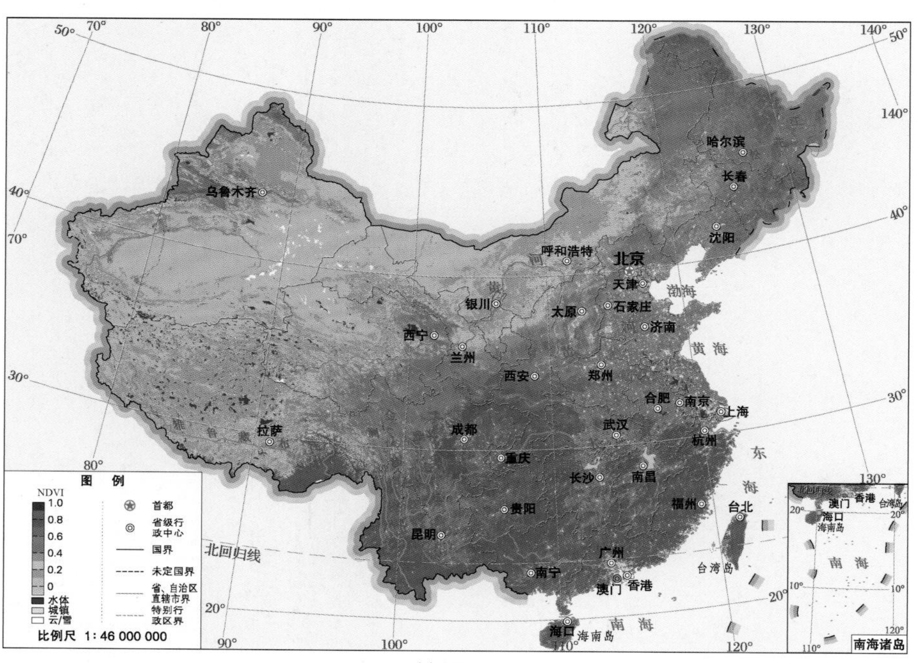

(a) NDVI

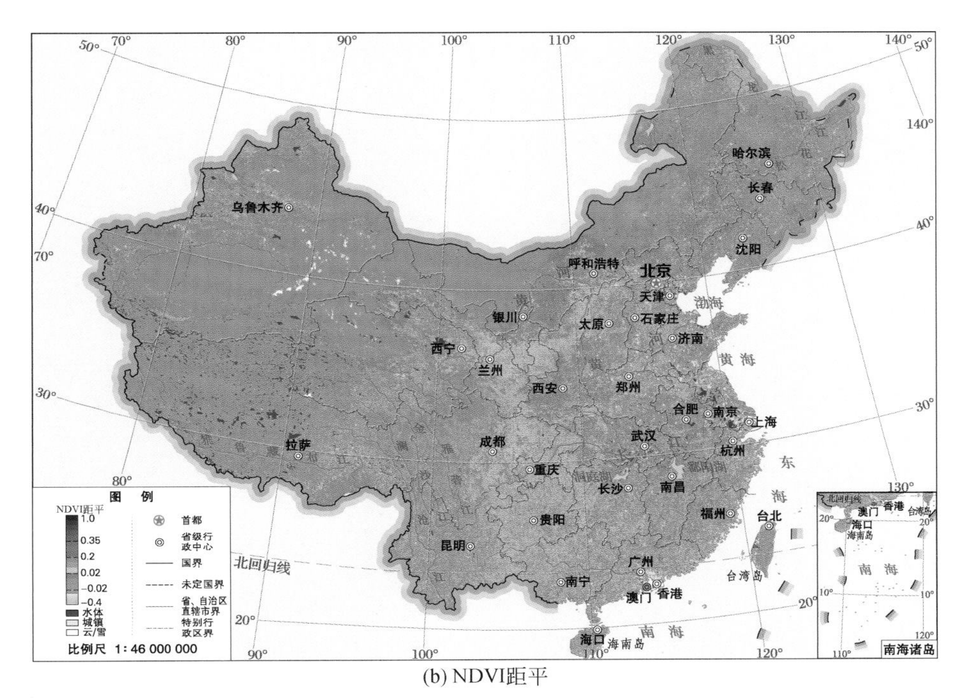

(b) NDVI距平

图 4.5　卫星遥感（EOS/MODIS）监测 2019 年中国归一化差植被指数及距平（相对于 2000 ～ 2018 年平均值）

Figure 4.5　Distribution of (a)the NDVI and (b)anomalies (relative to 2000-2018) across China using EOS/MODIS data in 2019

4.3.2　植物物候

物候是气候环境变化的敏感指示器，能表征气候环境变化的状态，并反映气候环境变化的趋势，可作为气候变化的一项独立证据（Ge et al., 2015；Dai et al., 2014）。中国物候观测网于 1963 年开始植物物候期观测，主要观测的物候期包括：萌动期、展叶期、开花期、果实成熟期、叶变色期和落叶期。其中，展叶期始期代表春季物候期，落叶期始期代表秋季物候期。

华北地区北京站（玉兰：*Magnolia denudata*）、东北地区沈阳站（刺槐：*Robinia pseudoacacia*）、华东地区合肥站（垂柳：*Salix babylonica*）、西南地区桂林站（枫香树：*Liquidambar formosana*）和西北地区西安站（色木槭：*Acer mono*）代表性植物的长序列物候观测资料显示：1963 ～ 2019 年，5 个站点代表性树种的展叶期始期均呈显著的提前趋势（图 4.6），北京站玉兰、沈阳站刺槐、合肥站垂柳、桂林站枫香树和西安站色木槭展叶期始期平均每 10 年分别提前 3.3 天、1.4 天、2.2 天、2.9 天和 2.5 天。2019 年，北京、沈阳、桂林和西安 4 个站点代表性树种的春季物候期均较常年值偏早，展叶期始期分别偏早 8 天、3 天、20 天和 10 天，其中桂林站枫香树展叶期始期为有观测记录以来最早；合肥站垂柳展叶期始期较常年值偏晚 3 天。

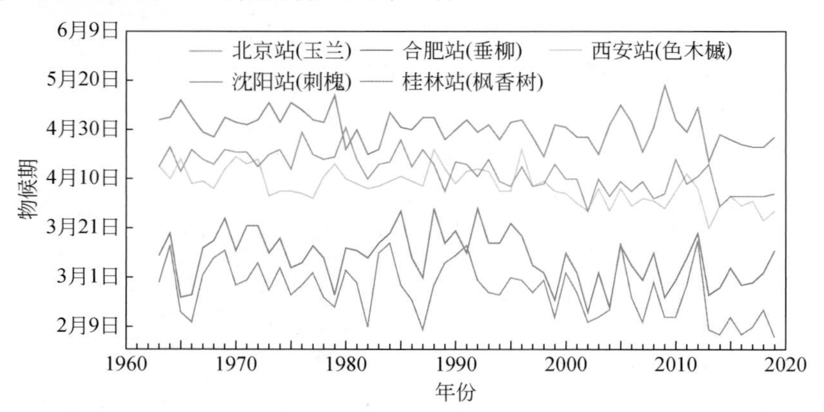

图 4.6　1963 ～ 2019 年中国不同地区代表性植物展叶期始期变化

数据来源：中国物候观测网

Figure 4.6　Variation of the beginning date of leaf unfolding at typical plant phenological observation station in different regions of China from 1963 to 2019

Data source: Chinese Phenological Observation Network

与春季物候期相比，各站点代表性植物落叶期始期变化年际波动较大（图 4.7）。1963 ～ 2019 年，合肥站垂柳落叶期始期呈显著推迟趋势，平均每 10 年推迟 4.0 天；北京站玉兰、沈阳站刺槐和西安站色木槭落叶期始期均呈不显著的推迟趋势；桂林站

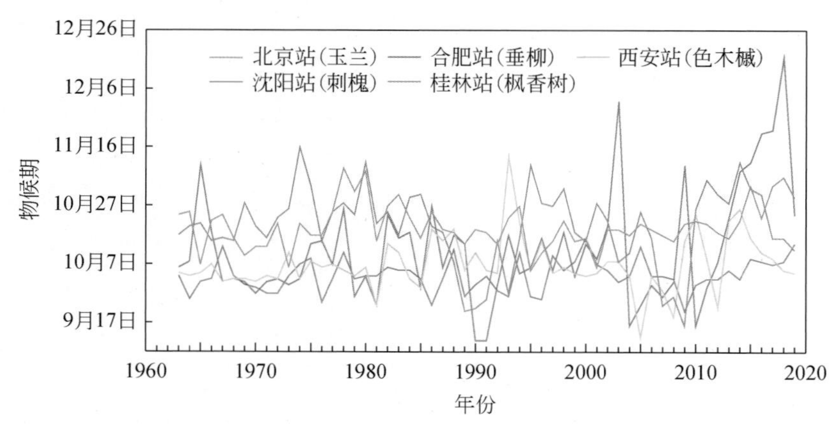

图 4.7　1963 ～ 2019 年中国不同地区代表性植物落叶期始期变化

数据来源：中国物候观测网

Figure 4.7　Variation of the beginning date of leaf-falling at typical plant phenological observation station in different regions of China from 1963 to 2019

Data source: Chinese Phenological Observation Network

枫香树落叶期始期呈不显著提前趋势。2019 年，北京站玉兰、沈阳站刺槐和合肥站垂柳落叶期始期较常年值分别偏晚 12 天、11 天和 16 天，桂林站枫香树和西安站色木槭落叶期始期较常年值分别偏早 3 天和 4 天。

4.3.3 农田生态系统二氧化碳通量

寿县国家气候观象台（32°26′ N，116°47′ E）于 2007 年建成近地层二氧化碳通量观测系统，下垫面为水稻和冬小麦轮作农田，监测评估中国东部季风区典型农田生态系统主要温室气体通量和碳循环过程变化。2007 ～ 2019 年，寿县国家气候观象台观测的农田生态系统（稻茬冬小麦和一季稻）主要表现为二氧化碳净吸收。2007 ～ 2018 年，二氧化碳通量平均值为 –2.70 kg/(m^2 • a)。2019 年，二氧化碳通量为 –2.49 kg/(m^2 • a)，净吸收较 2007 ～ 2018 年平均值偏少 0.21 kg/(m^2 • a)。

2007 ～ 2018 年的平均状况分析表明，寿县国家气候观象台农田生态系统年内二氧化碳排放与吸收呈双峰型动态特征（图 4.8）。春季，随冬小麦返青生长，二氧化碳通量逐渐表现为净吸收，并随着冬小麦生长发育而增强；6 月，随着小麦的成熟收割、腾茬、水稻种植（插秧），下垫面的呼吸与分解使得二氧化碳通量表现为净排放；随后水稻进入生长期，二氧化碳通量再次表现为净吸收，直至 10 月上旬水稻成熟；而水稻收获期、冬小麦播种与出苗期，二氧化碳通量基本表现为弱排放，12 月冬小麦进入越冬期，二氧化碳通量表现为弱吸收（Chen et al., 2015）。

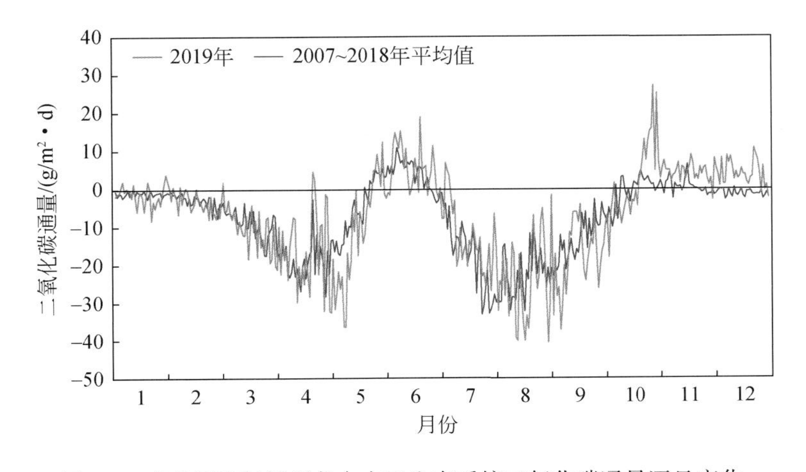

图 4.8 寿县国家气候观象台农田生态系统二氧化碳通量逐日变化

Figure 4.8 Variation of daily carbon dioxide flux in agro-ecosystem observed at Shou County National Climate Observatory

与 2007 ～ 2018 年平均值相比，2019 年农田生态系统冬小麦生长季中 1 月至 5 月中旬二氧化碳通量净吸收较同期偏多 12%，但 12 月较为异常，表现为弱的净排放；水稻生长季（7 月至 10 月上旬）二氧化碳通量净吸收略有增加；作物收获腾茬和种植阶段，6 月二氧化碳通量净排放增加 35%，10 月下旬至 11 月净排放异常增加 5.3 倍。2019 年寿县国家气候观象台农田生态系统二氧化碳通量净吸收的下降主要源自 10 月下旬至 12 月净排放增加，其与江淮地区近 40 年最严重的伏秋连旱密切相关，整个干旱过程（8 月 12 日至 11 月 23 日）寿县国家气候观象台降水量较常年同期偏少 8 成，10 月以后维持重旱，引起农田生态系统二氧化碳排放异常增加。

4.4 区域生态气候

4.4.1 石羊河流域荒漠化

石羊河流域位于河西走廊东部，是西北地区气候变化敏感区和生态脆弱区。卫星遥感监测显示，2005 ～ 2019 年，石羊河流域荒漠面积呈显著的减小趋势（图 4.9）。2019 年，流域荒漠面积 $1.5 \times 10^4 km^2$，为 2005 年以来的第三小值；石羊河流域 2015 ～ 2019 年平均荒漠面积相对于 2005 ～ 2009 年平均值减少 23%。2005 ～ 2019 年，石羊河流域处于降水偏多（植被生长关键季节降水明显增多）的年代际背景下，加之 2006 年启动人工输水工程，受气候因素和工程治理措施的共同影响，流域生态环境明显趋于好转。

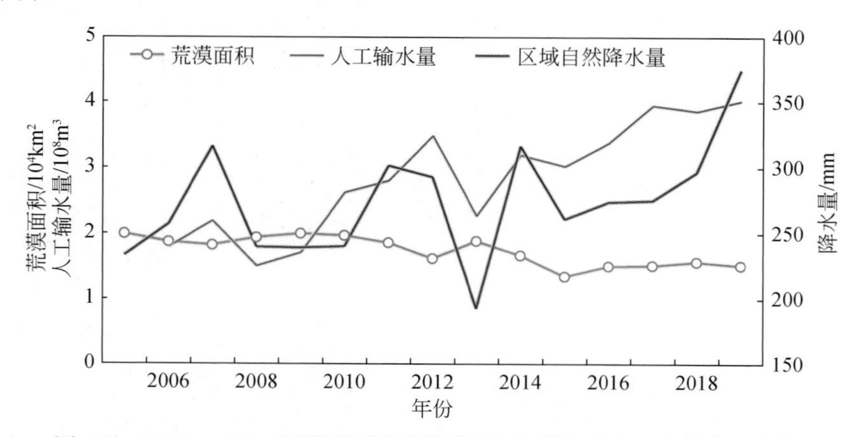

图 4.9　2005 ～ 2019 年石羊河流域荒漠面积与降水量和工程输水量变化

Figure 4.9　Variation of desertification area, annual precipitation and water volumes transported through engineering projects in the Shiyang River Basin from 2005 to 2019

石羊河流域沙漠边缘进退速度主要受风的动力作用（受控于风向、风速和大风日数等风场要素）影响。2005 ～ 2019 年，石羊河流域沙漠边缘外延速度总体趋稳，但个别年份波动幅度较大；凉州区东沙窝监测点沙漠边缘外延速度明显减缓（图 4.10）。2005 ～ 2019 年，民勤县蔡旗监测点和凉州区东沙窝监测点沙漠边缘向外推进的平均速度为 2.76 m/a 和 1.13 m/a；2019 年，民勤县蔡旗监测点和凉州区东沙窝监测点沙漠边缘分别外推了 4.27 m 和 0.82 m。

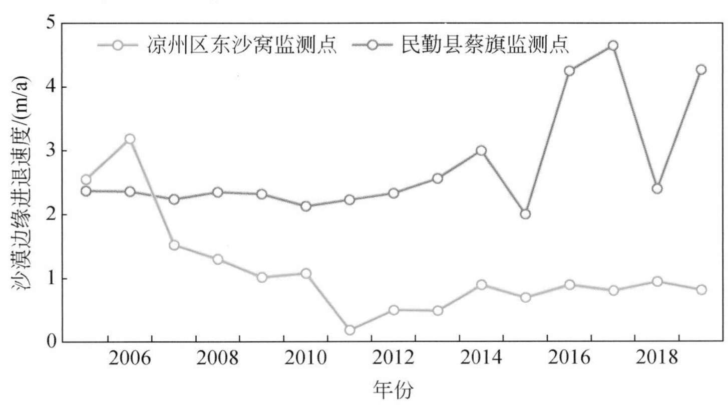

图 4.10　2005 ～ 2019 年石羊河流域沙漠边缘进退速度变化

Figure 4.10 Variation of advancing and retreating speeds of the desert rims in the Shiyang River Basin from 2005 to 2019

4.4.2　岩溶区石漠化

石漠化是广西岩溶区突出的生态问题，主要分布于广西西北部至中部的岩溶地区。最新调查结果表明：广西石漠化面积为 1.53×10^4 km^2，占广西岩溶区面积的 18.40%；其中轻度、中度、重度和极重度石漠化面积分别占 14.59%、30.01%、52.43% 和 2.97% 。近年来随着退耕还林、珠江防护林、森林生态效益补偿等系列岩溶地区生态保护与治理工程实施、人为活动压力减轻以及区域内良好的水热条件，广西石漠化面积持续减少，生态状况总体趋于好转（叶骏菲等，2019）。

卫星遥感监测显示，2000 ～ 2019 年，广西石漠化区秋季 NDVI 呈显著的增加趋势（图 4.11）；植被覆盖明显改善的地区占石漠化区总面积的 34.3%，主要分布于来宾大部、河池西北部和百色大部；改善不明显或变差的区域主要分布于桂林南部、南宁中西部和崇左大部；植被明显退化的地区占石漠化区总面积的 5.7%（图 4.12）。2019 年，广西石漠化区总体气象条件较好，夏季雨水充沛利于植被生长， 8 ～ 9 月份局部区域出现旱情造成植被生长受阻，但总体影响不大；广西石漠化区秋季 NDVI 为 0.769，较 2000 ～ 2018 年平均值上升 6.4%。

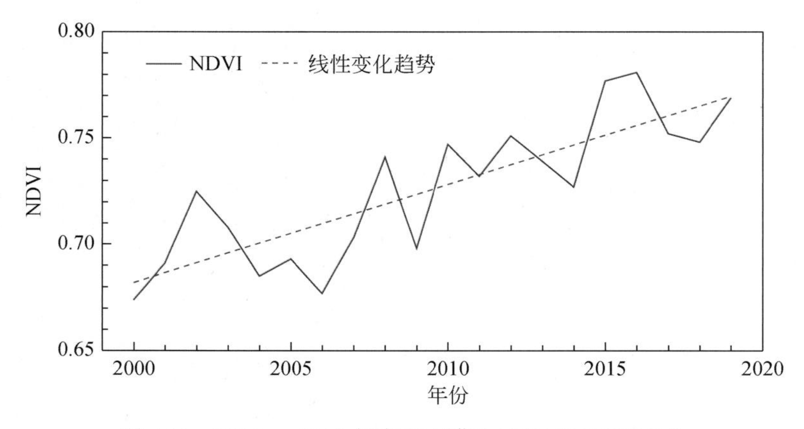

图 4.11　2000 ～ 2019 年广西石漠化区秋季 NDVI 变化

Figure 4.11　Variation of NDVI in autumn over Guangxi rockification areas from 2000 to 2019

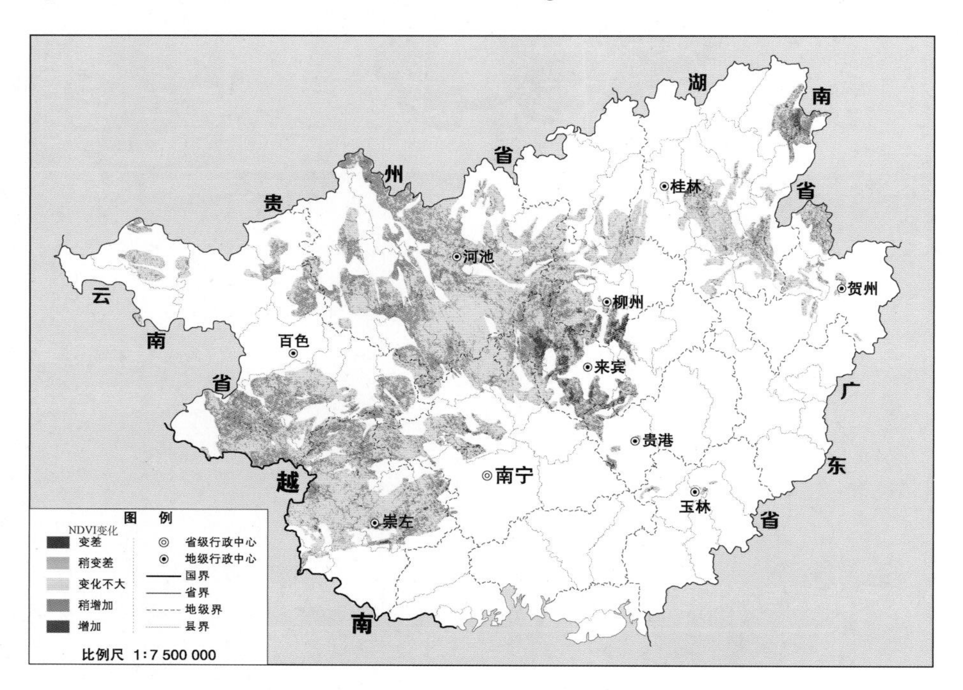

图 4.12　2000 ～ 2019 年广西石漠化区秋季 NDVI 变化趋势分布

Figure 4.12　Distribution of NDVI changing trend in autumn across Guangxi rockification areas from 2000 to 2019

第 5 章　气候变化驱动因子

气候变化的主要驱动力来自地球气候系统之外的外强迫因子以及气候系统内部因子间的相互作用。自然强迫因子包括太阳活动、火山活动和地球轨道参数等。工业化时代人类活动通过化石燃料燃烧向大气排放温室气体，以及通过排放气溶胶改变自然大气的成分构成，从而影响地球大气辐射收支平衡；同时，大范围土地覆盖和土地利用方式变化，会改变下垫面特征，导致地气之间能量、动量和水分传输的变化，进而影响区域尺度气候变化。

5.1　太阳活动与太阳辐射

5.1.1　太阳黑子

太阳活动既有 11 年左右的长周期变化，也有短至几十分钟的爆发过程。通常用太阳黑子相对数来表征太阳活动长周期水平的高低（Clette et al., 2014, 2016）。习惯上将 1755 年太阳黑子数最少时开始的活动周称作太阳的第 1 个活动周，2019 年太阳活动处于第 24 太阳活动周的末期，本次太阳活动周或已结束；预计第 25 太阳活动周于 2020 年开始，总体活动水平与第 24 周大致相当。2019 年，太阳黑子相对数年平均值为 3.6±7.1，低于 2018 年（7.0±9.5）和 2017 年（21.7±21.4）；较第 23 周同期水平（2008 年太阳黑子相对数 4.2±9.0）也相对偏低。整体来看，第 24 周太阳活动水平明显低于第 23 周（图 5.1）。

5.1.2　太阳辐射

1961 ～ 2019 年，中国陆地表面平均接收到的年总辐射量趋于减少，平均每 10 年减少 10.1kW • h/m^2，且阶段性特征明显，20 世纪 60 年代至 80 年代中期，中国平均年总辐射量总体处于偏多阶段（马金玉等，2012；Liu et al., 2015），且年际变化较大；

20 世纪 90 年代以来，总辐射量处于偏少阶段，年际变化也较小（图 5.2）。2019 年，中国平均年总辐射量为 1464.8 kW • h/m^2，较常年值偏少 8.6 kW • h/m^2。

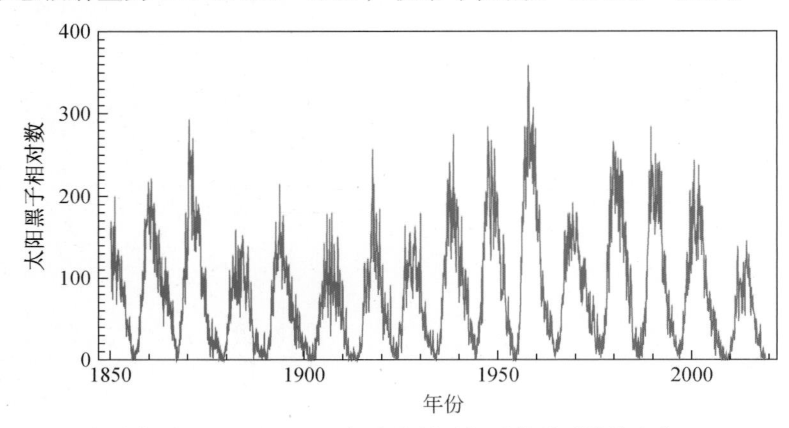

图 5.1 1850 ～ 2019 年太阳黑子相对数月平均值变化

资料来源：太阳黑子指数及太阳长期观测中心 - 世界数据中心，比利时皇家天文台

Figure 5.1 Variation of the monthly mean relative sunspot numbers from 1850 to 2019

Data source: World Data Centre SILSO, Royal Observatory of Belgium, Brussels

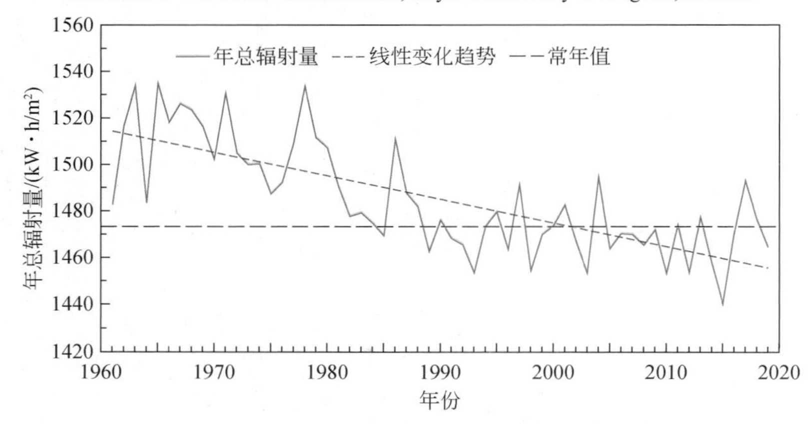

图 5.2 1961 ～ 2019 年中国平均年总辐射量

Figure 5.2 Annual mean total solar radiation averaged over China from 1961 to 2019

2019 年，我国华北北部、东北西部、西南中西部、青藏高原和西北大部地区年总辐射量超过 1400 kW • h/m^2，其中内蒙古西部、西藏中西部和青海北部部分地区年总辐射量超过 1750 kW • h/m^2，为太阳能资源最丰富区；河北中北部、山西北部、内蒙古大部、海南、四川西部、云南大部、西藏东部、青海东部、甘肃大部、陕西北部、宁夏和新疆大部总辐射量 1400 ～ 1750 kW • h/m^2，为太阳能资源很丰富区；湖北西南部、湖南西北部、重庆和贵州中东部年总辐射量不足 1050 kW • h/m^2，为太阳能资源一般区［图 5.3（a）］。

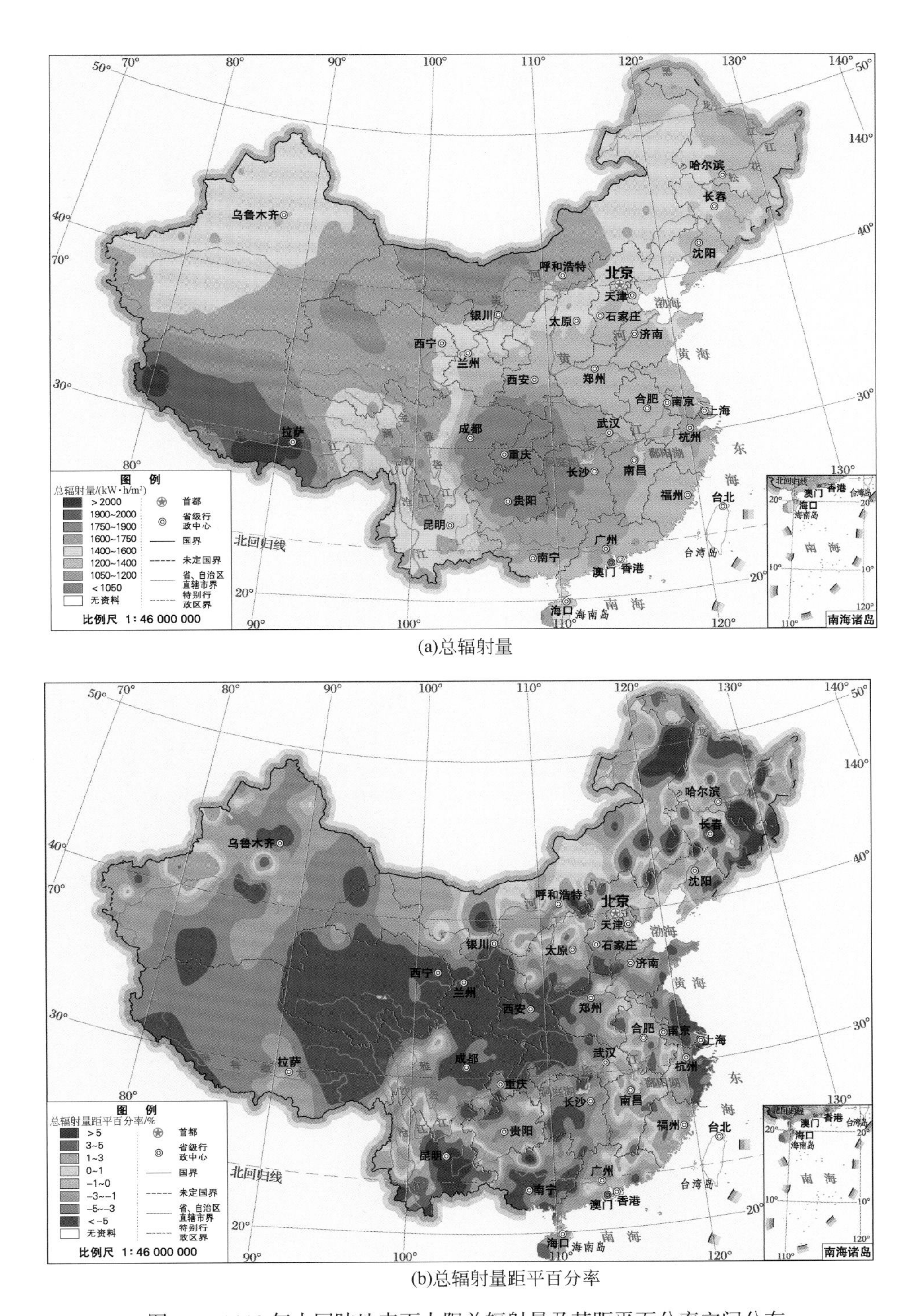

(a)总辐射量

(b)总辐射量距平百分率

图 5.3　2019 年中国陆地表面太阳总辐射量及其距平百分率空间分布

Figure 5.3　Distribution of (a) the total radiation and (b) anomaly percentages across China in 2019

与常年值相比，2019 年，江苏东部、福建东部、广西中南部、四川中东部、青藏高原中东部和西北地区东南部年总辐射量偏低超过 5%；东北地区大部、内蒙古东北部和云南中东部偏高 5% 以上；其余地区年总辐射量接近常年值［图 5.3（b）］。

5.2 火山活动

2019 年，无大型火山持续性爆发。全球活跃的火山包括千岛群岛（Kuril Island）的莱科克火山（Raikoke Volcano）、夏威夷群岛基拉韦厄火山（Kilauea Volcano）、意大利埃特纳火山（Etna Volcano）、墨西哥波波卡佩特火山（Popocatépetl Volcano）、苏门答腊岛的锡纳朋火山（Sinabung Volcano）和新西兰怀特岛火山（White Island Volcano）等。

气象卫星（FY-4A）监测到位于堪察加半岛与北海道之间的千岛群岛上的莱科克火山（48°17′ N，153°15′ E）于 2019 年 6 月 22 日 03:00 时（北京时，下同）左右开始喷发，随后火山灰云的主体部分逐渐向东北方向扩散。极轨气象卫星（FY-3D）可见光真彩色合成图像显示（图 5.4），莱科克火山喷发出的火山灰云含有大量的硅酸盐矿物颗粒而呈

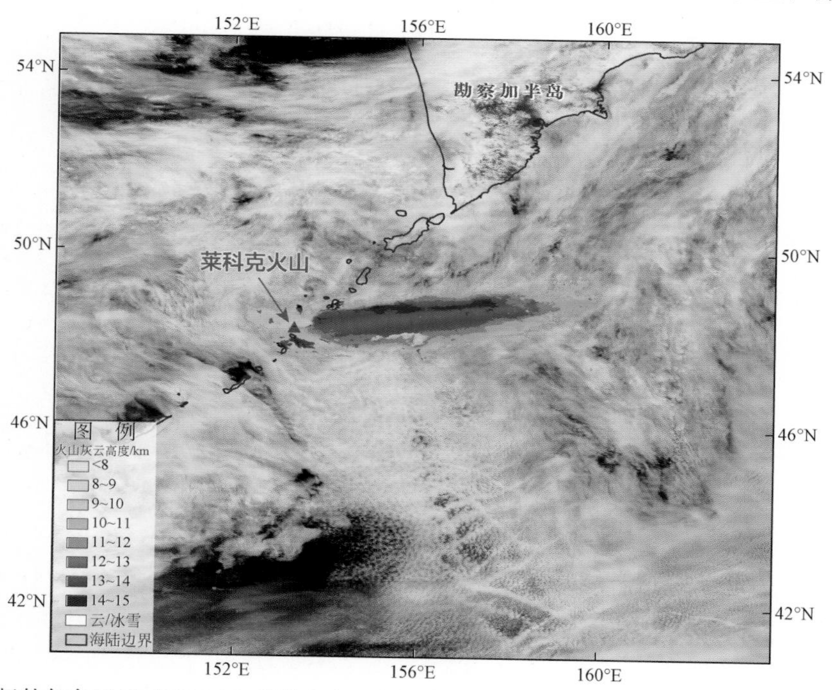

图 5.4　极轨气象卫星（FY-3D）莱科克火山灰云真彩色图（2019 年 6 月 22 日 10:50，北京时）

Figure 5.4　Raikoke Volcano satellite (FY-3D) watch at 10:50, June 22, 2019 (Beijing Time)

灰褐色，并上升至白色的气象云之上。利用 FY-4A 红外数据高度估算，火山灰云主体部分在扩散的过程中高度呈由南向北增高的趋势，其中北部大部高度超过 12 km，局部达到 15km，高于该区域平均对流层顶高度（10.6 km），可对航空安全产生影响。

5.3　大气成分

5.3.1　温室气体

中国青海瓦里关全球大气本底站（36°17′ N，100°54′ E；海拔 3816 m）为世界气象组织 / 全球大气观测计划（WMO/GAW）的 31 个全球大气本底观测站之一，是中国最先开展温室气体监测的观测站，也是目前欧亚大陆腹地唯一的大陆型全球本底站（Zhou et al., 2005）。1990 ～ 2018 年，瓦里关全球大气本底站大气二氧化碳浓度逐年稳定上升，月平均浓度变化特征与同处于北半球中纬度高海拔地区的美国夏威夷冒纳罗亚全球大气本底站（Mauna Loa，19°32′ N，155°35′ E；海拔 3397 m）（Keeling et al., 1976）基本一致（图 5.5），很好地代表了北半球中纬度地区大气二氧化碳的平均状况。

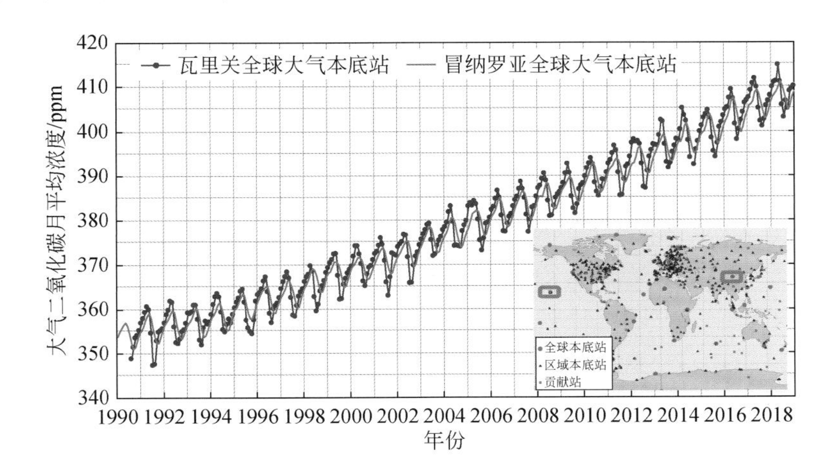

图 5.5　1990 ～ 2018 年中国青海瓦里关和美国夏威夷冒纳罗亚全球大气本底站大气二氧化碳月均浓度变化

美国夏威夷冒纳罗亚全球大气本底站数据源自美国国家海洋与大气管理局，下同

Figure 5.5　Variation of the monthly mean atmospheric carbon dioxide mole fractions observed at Waliguan and Mauna Loa atmospheric background stations from 1990 to 2018

Hawaii Mauna Loa station data source: US National Oceanic and Atmospheric Administration, the same below

2018 年，全球大气二氧化碳年平均本底浓度为 407.8±0.1 ppm（摩尔分数），瓦里关全球大气本底站大气二氧化碳年平均本底浓度为 409.4±0.3 ppm，略高于全球平均值，与北半球平均值和冒纳罗亚全球大气本底站同期观测结果基本一致（图 5.6）。

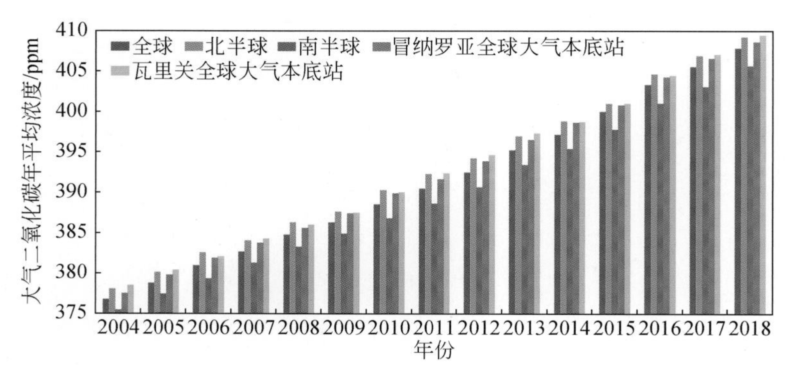

图 5.6　2004 ～ 2018 年大气二氧化碳年平均浓度变化

Figure 5.6　Variation of the annual mean atmospheric carbon dioxide mole fractions from 2004 to 2018

2018 年，中国 6 个区域大气本底站（北京上甸子、浙江临安、黑龙江龙凤山、湖北金沙、云南香格里拉和新疆阿克达拉）二氧化碳的年平均浓度依次为：421.6±1.5 ppm、423.6±1.9ppm、418.8 ±0.7 ppm、415.1±2.0 ppm、407.4 ±2.3 ppm 和 410.6 ±2.1 ppm（图 5.7）。

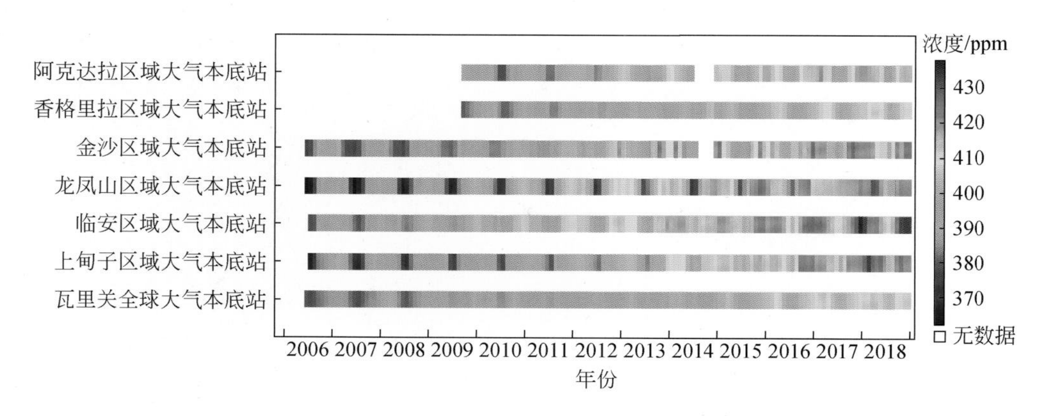

图 5.7　中国气象局 7 个大气本底站近 10 年二氧化碳月平均浓度

Figure 5.7　Monthly mean carbon dioxide mole fractions observed at seven CMA atmospheric background stations over the past 10 years

2018 年，全球大气甲烷年平均本底浓度 1869±2 ppb（摩尔分数），瓦里关全球大气本底站大气甲烷年平均本底浓度为 1923±2 ppb，高于全球平均值，与北半球平均值较为接近（图 5.8）。

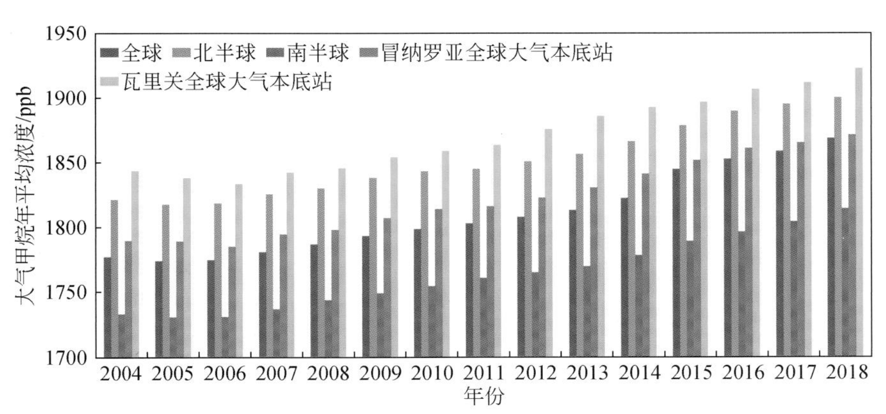

图 5.8　2004 ～ 2018 年大气甲烷年平均浓度变化

Figure 5.8　Variation of the annual mean atmospheric methane mole fractions from 2004 to 2018

2018 年，全球大气氧化亚氮年平均本底浓度为 331.1±0.1 ppb，瓦里关全球大气本底站大气氧化亚氮年平均本底浓度为 331.4±0.1 ppb，略高于全球平均值，与北半球平均值及冒纳罗亚全球大气本底站同期观测结果大体相当（图 5.9）。

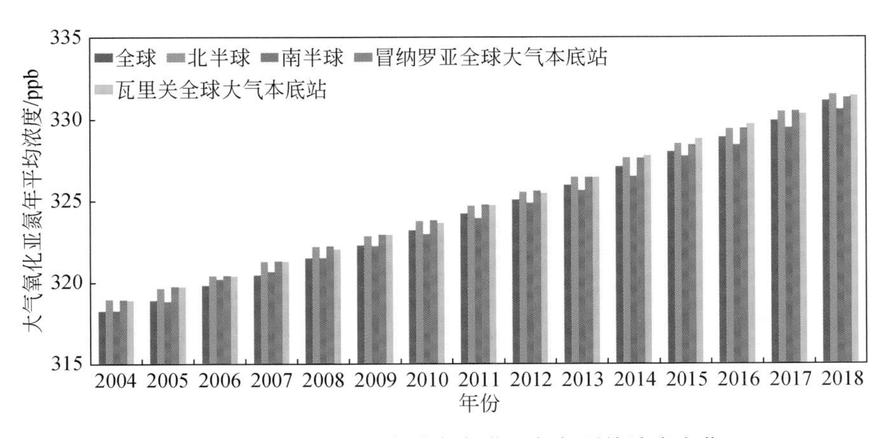

图 5.9　2004 ～ 2018 年大气氧化亚氮年平均浓度变化

Figure 5.9　Variation of the annual mean atmospheric nitrous oxide mole fractions from 2004 to 2018

2018 年，全球大气六氟化硫年平均本底浓度为 9.57±0.11 ppt[①]（摩尔分数），瓦里关全球大气本底站大气六氟化硫年平均本底浓度为 9.73±0.13 ppt，高于全球平均值，与北半球平均值及冒纳罗亚全球大气本底站同期观测结果较为接近（图 5.10）。

① ppt，干空气中每万亿（10^{12}）个气体分子中所含的该种气体分子数。

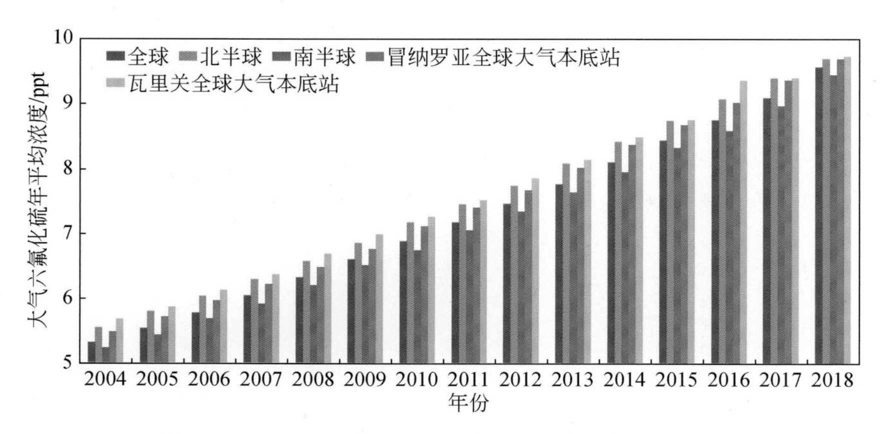

图 5.10　2004 ～ 2018 年大气六氟化硫年平均浓度变化

Figure 5.10　Variation of the annual mean atmospheric sulfur hexafluoride mole fractions from 2004 to 2018

1990 ～ 2018 年，瓦里关全球大气本底站大气二氧化碳碳稳定同位素比值（$\delta^{13}C$）与冒纳罗亚全球大气本底站监测基本一致，呈逐年降低趋势（图 5.11）。该趋势反映了人类活动化石燃料燃烧所释放的二氧化碳对当今大气二氧化碳浓度升高的贡献（化石燃料来源于远古时期生物体，其碳稳定同位素 ^{13}C 丰度明显低于当今大气，致使化石燃料所释放二氧化碳的 $\delta^{13}C$ 值相对于当今大气明显亏损）。2018 年，瓦里关全球大气本底站大气二氧化碳 $\delta^{13}C$ 年平均值为 –8.56‰。

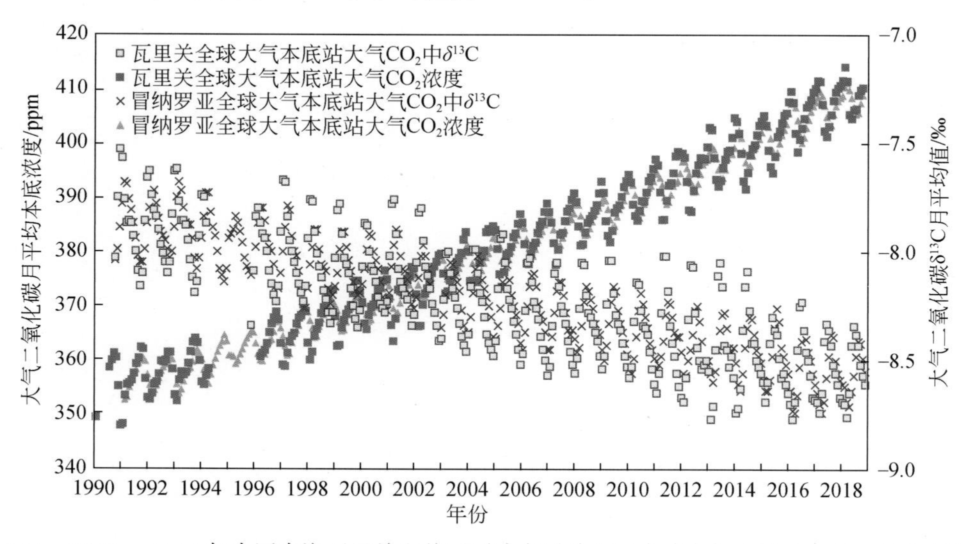

图 5.11　1990 ～ 2018 年中国青海瓦里关和美国夏威夷冒纳罗亚全球大气本底站大气二氧化碳浓度及其碳稳定同位素比值月平均值变化

Figure 5.11　Variation of the monthly mean atmospheric carbon dioxide mole fractions and carbon stable isotope ratios observed at Waliguan and Mauna Loa atmospheric background stations from 1990 to 2018

5.3.2　臭氧总量

20 世纪 70 年代中后期全球臭氧总量开始逐渐降低，到 1992 ～ 1993 年因菲律宾皮纳图博火山爆发而降至最低点。中国青海瓦里关全球大气本底站和黑龙江龙凤山区域大气本底站观测结果显示，1991 年以来臭氧总量季节波动明显，但年平均值无明显增减趋势（图 5.12）。2019 年，瓦里关全球大气本底站和龙凤山区域大气本底站臭氧总量平均值分别为 286±25 DU（陶普生）[1]和 357±57 DU；比 2018年臭氧总量平均值相比两站分别下降 10 DU 和 5 DU，但均与 2017 年平均值相近，反映了平流层臭氧总量的准两年振荡信号特征（季崇萍等，2001）。臭氧总量值总体回升的态势与全球中纬度地区臭氧层出现恢复相一致（Weber et al.，2018），全球禁止排放损耗臭氧的氟氯烃对保护臭氧层的贡献已逐步体现。

5.3.3　气溶胶

气溶胶通过散射和吸收辐射直接影响气候变化，也可通过在云形成过程中扮演凝结核或改变云的光学性质和生存时间而间接影响气候。气溶胶光学厚度（aerosol optical depth，AOD），是用来表征气溶胶对光的衰减作用的重要监测指标，通常光学

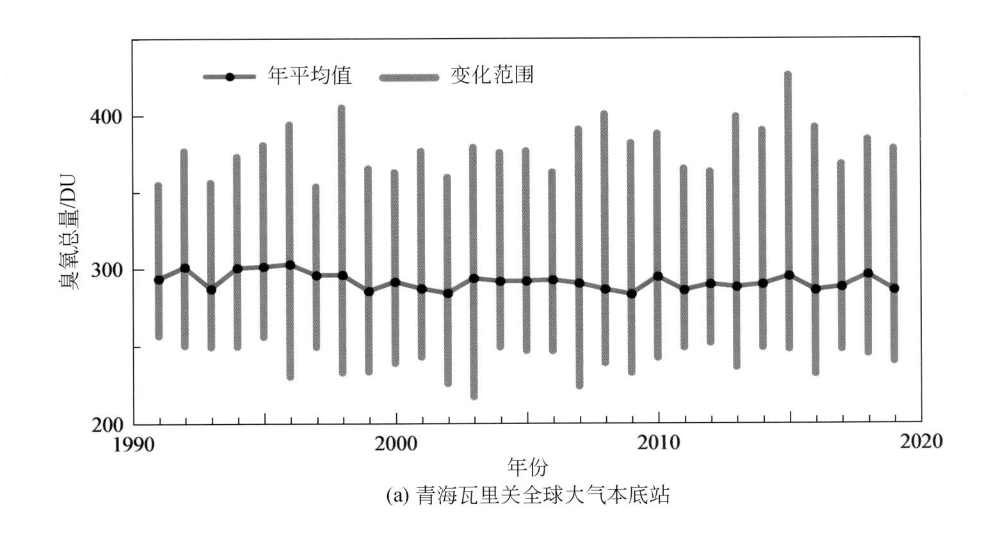

(a) 青海瓦里关全球大气本底站

① 1DU=10^{-5} m/m^2，表示标准状态下每平方米面积上有 0.01 mm 厚臭氧。

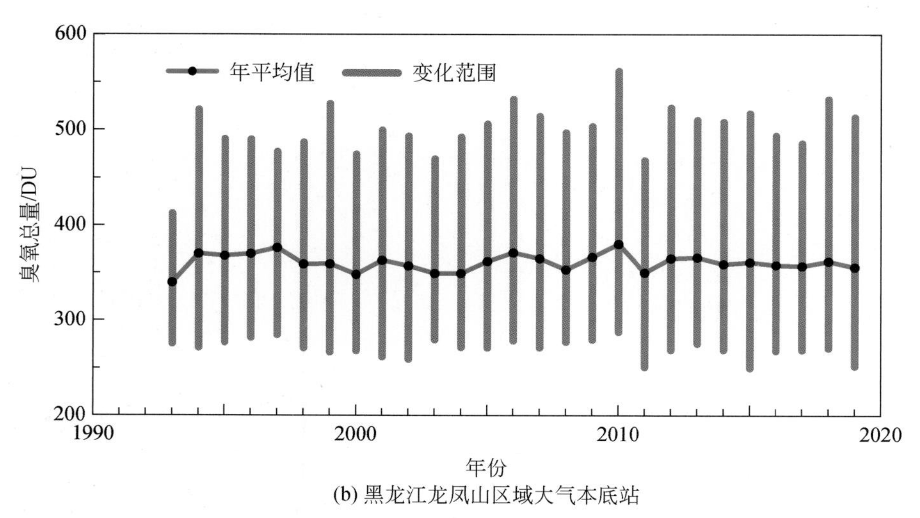

(b) 黑龙江龙凤山区域大气本底站

图 5.12 1991 ～ 2019 年中国青海瓦里关全球大气本底站和黑龙江龙凤山区域大气本底站观测到的臭氧总量变化

圆心实线为年平均值的变化，浅色竖线表示臭氧总量值的范围

Figure 5.12 Variation of the annual total ozone observed at (a) Waliguan and (b) Longfengshan atmospheric background stations in China, from 1991 to 2019

The red solid lines represent annual mean values, and the light dark vertical lines the total ozone range

厚度越大，代表大气中气溶胶含量越高（Che et al., 2015, 2019）。2004 ～ 2014 年，北京上甸子、浙江临安和黑龙江龙凤山区域大气本底站气溶胶光学厚度年平均值波动增加；2015 ～ 2019 年，均呈明显降低趋势（图 5.13）。2019 年，上甸子区域大气本底站可见光波段（中心波长 440nm）气溶胶光学厚度为 0.39±0.32，较 2018 年有所下降；临安区域大气本底站和龙凤山区域大气本底站气溶胶光学厚度分别为 0.56±0.36 和 0.33±0.25，较 2018 年均有小幅上升。

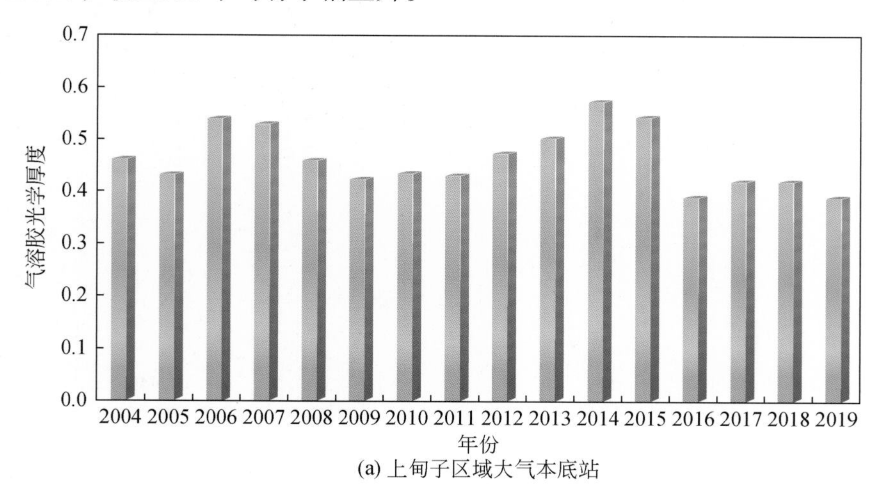

(a) 上甸子区域大气本底站

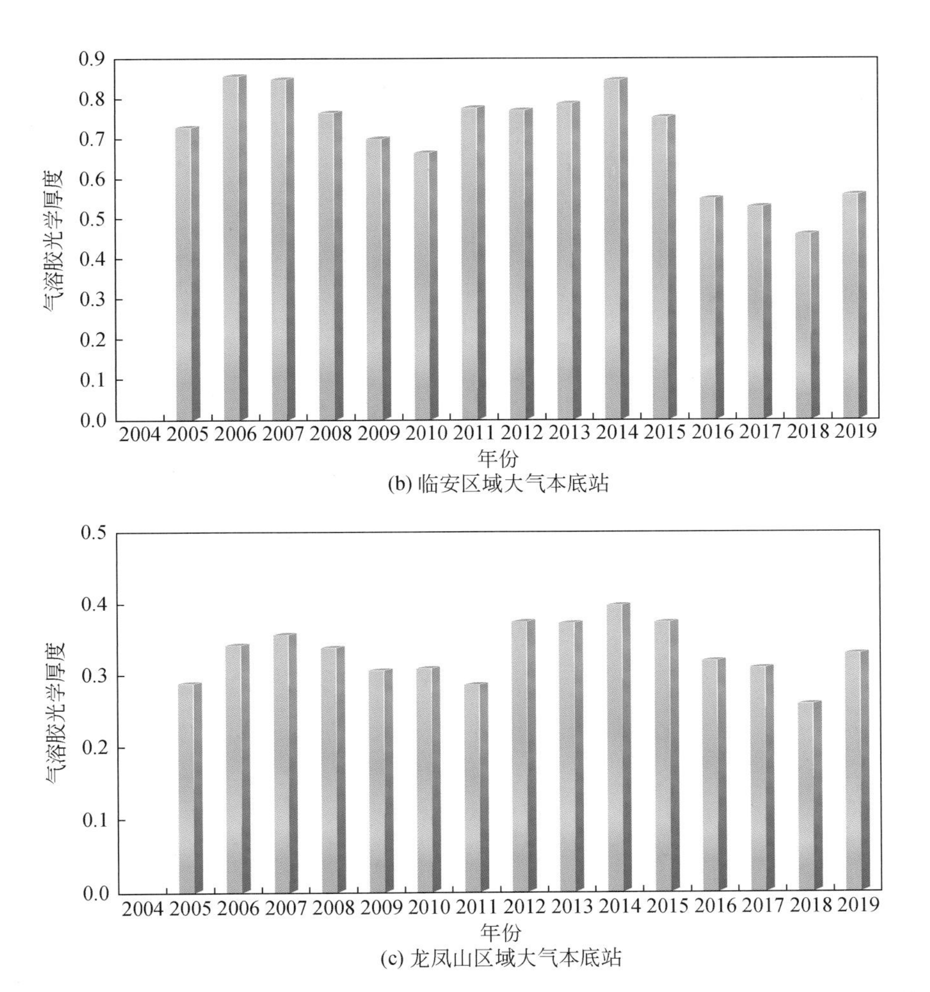

(b) 临安区域大气本底站

(c) 龙凤山区域大气本底站

图 5.13　2004～2019 年北京上甸子、浙江临安和黑龙江龙凤山区域大气本底站观测到的气溶胶光学厚度变化

Figure 5.13　Variation of the annual mean Aerosol Optical Depth observed at (a) Shangdianzi, (b) Lin'an and (c) Longfengshan atmospheric background stations from 2004 to 2019

参考文献

陈思蓉，朱伟军，周兵. 2009. 中国雷暴气候分布特征及变化趋势. 大气科学学报，32(5):703-710.

陈哲，杨溯. 2014. 1979-2012 年中国探空温度资料中非均一性问题的检验与分析. 气象学报，72(4):794-804.

成里京. 2020. SROCC：海洋热含量变化评估. 气候变化研究进展，16(2): 172-181.

程国栋，赵林，李韧，等. 2019. 青藏高原多年冻土特征、变化及影响. 科学通报，64: 2783-2795.

龚道溢，何学兆. 2002. 西太平洋副热带高压的年代际变化及其气候影响. 地理学报，57(2): 185-193.

郭艳君，王国复. 2019. 近 60 年中国探空观测气温变化趋势及不确定性研究. 气象学报，77(6):1073-1085.

胡景高，周兵，徐海明. 2013. 近 30 年江淮地区梅雨期降水的空间多型态特征. 应用气象学报，24(52): 554-564.

怀保娟，李忠勤，王飞腾，等. 2016. 萨吾尔山木斯岛冰川厚度特征及冰储量估算. 地球科学，41(5): 757-764.

季崇萍，邹捍，周立波. 2001. 青藏高原臭氧的准两年振荡. 气候与环境研究，6(4): 416-424.

金章东，张飞，王红丽，等. 2013. 2005 年以来青海湖水位持续回升的原因分析. 地球环境学报，4(5):1355-1363.

康世昌，郭万钦，钟歆玥，等. 2020. 全球山地冰冻圈变化、影响与适应. 气候变化研究进展，16(2): 143-152.

李林，时兴合，申红艳，等. 2011. 1960—2009 年青海湖水位波动的气候成因探讨及其未来趋势预测. 自然资源学报，26(9):1566-1575.

李双林，王彦明，郜永祺. 2009. 北大西洋年代际振荡 (AMO) 气候影响的研究综述. 大气科学学报，32(3): 458-465.

李忠勤，等. 2019. 山地冰川物质平衡和动力过程模拟. 北京：科学出版社.

李忠勤，沈永平，王飞腾，等. 2007. 冰川消融对气候变化的响应——以乌鲁木齐河源 1 号冰川为例. 冰川冻土，29 (3):333-342.

刘良云. 2014. 植被定量遥感原理与应用. 北京：科学出版社.

马金玉，罗勇，申彦波，等. 2012. 近 50 年中国太阳总辐射长期变化趋势. 中国科学：地球科学，42(10):1597-1608.

秦大河，姚檀栋，丁永建，等. 2020. 冰冻圈科学体系的建立及其意义. 中国科学院院刊，35(4): 394-406.

全国气候与气候变化标准化技术委员会. 2017. 厄尔尼诺 / 拉尼娜事件判别方法：GB/T 33666-2017. 北京：中国标准出版社.

邵佳丽，郑伟，刘诚. 2015. 卫星遥感洞庭湖主汛期水体时空变化特征及影响因子分析. 长江流域资源与环境，24(8):1315-1321.

施能，朱乾根，吴彬贵. 1996. 近40年东亚夏季风及我国夏季大尺度天气气候异常. 大气科学，20(5): 575-583.

效存德，苏渤，窦挺峰，等. 2020. 极地系统变化及其影响与适应新认识. 气候变化研究进展，16(2): 153-162.

杨萍，张海峰，曹生奎. 2013. 青海湖水位下降的生态环境效应. 青海师范大学学报(自然科学版)，35(3):62-65.

杨修群，朱益民，谢倩，等. 2004. 太平洋年代际振荡的研究进展. 大气科学，28 (6): 979-992.

姚檀栋. 2019. 青藏高原水-生态-人类活动考察研究揭示"亚洲水塔"的失衡及其各种潜在风险. 科学通报，64(27): 2761-2762.

叶骏菲，陈燕丽，莫伟华，等. 2019. 典型喀斯特区植被变化及其与气象因子的关系——以广西百色市为例. 沙漠与绿洲气象，13(5):106-113.

俞小鼎，周小刚，王秀明. 2012. 雷暴与强对流临近天气预报技术进展. 气象学报，70(3):311-337.

张健，何晓波，叶柏生，等. 2013. 近期小冬克玛底冰川物质平衡变化及其影响因素分析. 冰川冻土，35(2): 263-271.

张廷军，车涛. 2019. 北半球积雪及其变化. 北京：科学出版社.

赵林，胡国杰，邹德富，等. 2019. 青藏高原多年冻土变化对水文过程的影响. 中国科学院院刊，34(11):1233-1246.

朱立平，鞠建廷，乔宝晋，等. 2019. "亚洲水塔"的近期湖泊变化及气候响应：进展、问题与展望. 科学通报，64(27): 2796-2806.

朱艳峰. 2008. 一个适用于描述中国大陆冬季气温变化的东亚冬季风指数. 气象学报，66(5): 781-788.

Ashok K, Behera S K, Rao S A, et al. 2007. El Niño Modoki and its possible teleconnection. Journal of Geophysical Research, 112: C11007.

Bjerknes J. 1964. Atlantic air-sea interaction. Advances in Geophysics, 10: 1-82.

Che H Z, Xia X G, Zhao H J, et al. 2019. Spatial distribution of aerosol microphysical and optical properties and direct radiative effect from the China Aerosol Remote Sensing Network. Atmospheric Chemistry and Physics, 19（18）:1-53.

Che H Z, Zhang X Y, Xia X G, et al. 2015. Ground-based aerosol climatology of China: aerosol optical depths from the China Aerosol Remote Sensing Network (CARSNET) 2002-2013. Atmospheric Chemistry and Physics, 15(13): 7619-7652.

Chen C, Gao Z Q, Tang J W, et al. 2015. Seasonal and interannual variations of carbon exchange over a rice–wheat rotation System on the North China Plain. Advance in Atmospheric Sciences, 32(10):1365-1380.

Cheng L , Abraham J, Hausfather Z, et al. 2019. How fast are the oceans warming?. Science, 363(6423): 128-129.

Cheng L, Abraham J, Zhu J, et al. 2020. Record-setting ocean warmth continued in 2019. Advances in Atmospheric Sciences, 37(2): 137-142.

Clette F, Lefèvre L. 2016. The new sunspot number: assembling all correction. Solar Physics, 291: 2629-2651.

Clette F, Svalgaard L, Vaquero J, et al. 2014. Revisiting the sunspot number–a 400 year perspective on the solar cycle. Space Science Review, 186:35-103.

Dai J H, Wang H J, Ge Q S. 2014. The spatial pattern of leaf phenology and its response to climate change in China. International Journal of Biometeorology, 58(4): 521-528.

Ge Q S, Wang H J, Rutishauser T, et al. 2015. Phenological response to climate change in China: a meta-analysis. Global Change Biology, 21(1): 265-274

IPCC. 2019. Summary for policymakers //IPCC. IPCC special report on the ocean and cryosphere in a changing climate. https://www.ipcc.ch/srocc/chapter/summary-for-policymakers/［2019-11-03］.

Keeling C D, Bacastow R B, Bainbridge A E, et al. 1976. Atmospheric carbon dioxide variations at Mauna Loa Observatory, Hawaii. Tellus, 28(6): 538-551.

Liu J D, Linderholm H, Chen D L, et al. 2015. Changes in the relationship between solar radiation and sunshine duration in large cities of China. Energy, 82 :589-600.

Mantua N J, Hare S R, Zhang Y, et al. 1997. A Pacific interdecadal climate oscillation with impacts on salmon production. Bulletin of the American Meteorological Society, 78: 1069-1079.

Meredith M, Sommerkorn M, Cassotta S, et al. 2019. Polar Regions. //Pörtner H O, Roberts D C, Masson-Delmotte V, et al. IPCC Special Report on the Ocean and Cryosphere in a Changing Climate. https://www.ipcc.ch/srocc/[2019-11-03].

Meyssignac B, Boyer T, Zhao Z, et al. 2019. Measuring global ocean heat content to estimate the earth energy imbalance. Frontiers in Marine Science, 6:432.

Rayner N A, Parker D E, Horton E B, et al. 2003. Global analyses of sea surface temperature, sea ice, and night marine air temperature since the late nineteenth century. Journal of Geophysical Research, 108(D14): 4407.

Saji N H, Goswami B N, Vinayachandr P N, et al. 1999. A dipole mode in the tropical Indian Ocean. Nature, 401(6751): 360-363.

Thompson D W J, Wallace J M. 1998. The Arctic Oscillation signature in the wintertime geopotential height and temperature fields. Geophysical Research Letters, 25(9): 1297-1300.

Wang Y J, Hu Z Z, Yan F. 2017. Spatiotemporal variations of differences between surface air and ground temperatures in China. Journal of Geophysical Research-Atmospheres, 122(15):7990-7999.

Wang Y J, Song L C, Ye D X, et al. 2018. Construction and application of a climate risk index for China. Journal of Meteorological Researcg, 32(6): 937-949.

Weber M, Coldewey-Egbers M, Fioletov V E. 2018. Total ozone trends from 1979 to 2016 derived from five merged observational datasets–the emergence into ozone recovery. Atmospheric Chemistry and Physics, 18:2097-2117.

Webster P J, Moore A M, Loschnigg J P, et al. 1999. Coupled ocean-atmosphere dynamics in the Indian Ocean during 1997-98. Nature, 401: 356-360.

Webster P J, Yang S. 1992. Monsoon and ENSO: selectively interactive systems. Quarterly Journal of the Royal Meteorological Society, 118: 877-926.

WMO. 2020. WMO Statement on the State of the Global Climate in 2019. WMO_No.1248:6-34. https://library.wmo.int/index.php?lvl=notice_display&id=21700#[2019-11-03].

Xu C H, Li Z Q, Li H L, et al. 2019. Long-range terrestrial laser scanning measurements of annual and intra-annual mass balances for Urumqi Glacier No. 1, eastern Tien Shan, China. The Cryosphere, 13(9): 2361-2383.

Zemp M, Huss M, Thibert E, et al. 2019. Global glacier mass changes and their contributions to sea-level rise from 1961 to 2016. Nature, 568:382-386.

Zhang Y, Wallace J M, Battisti D S. 1997. ENSO-like interdecadal variability: 1900-93. Journal of Climate, 10: 1004-1020.

Zhou L X, Conway T J, White J W C, et al. 2005. Long-term record of atmospheric CO_2 and stable isotopic ratios at Waliguan Observatory: Background features and possible drivers, 1991–2002. Global Biogeochemical Cycles, 19(3): GB3021.

附录 I　数据来源和其他背景信息

本报告中所用资料来源

英国气象局哈德利中心（全球海表温度）：www.metoffice.gov.uk

中国科学院大气物理研究所（全球海洋热含量）：www.iap.ac.cn

国家海洋信息中心（海平面）：www.nmdis.org.cn

香港天文台（香港气温、降水量、雷暴日数，维多利亚港验潮站海平面高度）：www.weather.gov.hk

中国科学院冰冻圈科学国家重点实验室（冰川、多年冻土）：www.sklcs.ac.cn

世界冰川监测服务处（全球参照冰川物质平衡）：www.wgms.ch

美国国家冰雪数据中心（南、北极海冰范围）：nsidc.org/

中国物候观测网（植物物候）：www.cpon.ac.cn

青海省水利厅（青海湖水位）：slt.qinghai.gov.cn

比利时皇家天文台（太阳黑子相对数）：www.astro.oma.be

美国国家海洋与大气管理局（夏威夷冒纳罗亚全球大气本底站温室气体浓度）：www.noaa.gov

世界气象组织全球大气观测计划（全球温室气体浓度）：www.wmo.int/gaw/

本报告中所用其余数据均源自中国气象局。

主要贡献单位

国家气候中心、国家气象中心、国家卫星气象中心、国家气象信息中心、中国气象局气象探测中心、中国气象局公共气象服务中心、中国气象科学研究院，北京市气象局、辽宁省气象局、黑龙江省气象局、上海市气象局、安徽省气象局、湖北省气象局、广东省气象局、广西壮族自治区气象局、西藏自治区气象局、甘肃省气象局、青海省气象局、香港天文台，中国科学院冰冻圈科学国家重点实验室、中国科学院大气物理研究所、中国科学院地理科学与资源研究所，国家海洋信息中心等。

附录Ⅱ 术 语 表

冰川物质平衡：物质平衡是指冰川上物质的收入（积累）与支出（消融）的代数和。该值为负时，表明冰川物质发生亏损；反之则冰川物质发生盈余。

常年值：在本书中，“常年值”是指 1981 ～ 2010 年气候基准期的常年平均值。凡是使用其他平均期的值，则用“平均值”一词。

地表水资源量：某特定区域在一定时段内由降水产生的地表径流总量，其主要动态组成为河川径流总量。

地表温度：指某一段时间内，陆地表面与空气交界处的温度。

多年冻土退化：在一个时段内（至少数年以上）多年冻土持续处于下列任何一种或者多种状态：多年冻土温度升高、厚度减小、面积缩小。

二氧化碳通量：单位时间内通过单位面积的二氧化碳的量（质量或者物质的量）。

海洋热含量：是指一定体积海水的热能的变化，其由水体温度、密度和比热容三者乘积的体积积分计算。

活动层厚度：多年冻土区年最大融化深度，在北半球一般出现在 8 月底至 9 月中旬，厚度在数十厘米至数米。

活动积温：是指植物在整个年生长期中高于生物学最低温度之和，即大于某一临界温度值的日平均气温的总和。

积雪覆盖率：监测区域内的积雪面积与区域总面积的比值。

季节最大冻结深度：在季节冻土区，冷季地表土层温度低于冻结温度后，土壤中的水分冻结成冰，从地面到冻结线之间的垂直距离称为冻结深度。最大冻结深度是标准气象观测场内的冻结深度的最大值。

径流深：在某一时段内通过河流上指定断面的径流总量（m^3 计）除以该断面以上的流域面积（以 m^2 计）所得的值，其相当于该时段内平均分布于该面积上的水深（以 mm 计）。

径流总量：在一定的时间里通过河流某一断面的总水量，单位是 m^3 或 10^8 m^3。

冷夜日数： 指日最低气温小于 10% 分位值的日数。

陆地表面平均气温：指某一段时间内，陆地表面气象观测规定高度（1.5 m）上的空气温度值的面积加权平均值。

摩尔分数：或称摩尔比例，是一给定体积内某一要素的物质的量（摩尔）与该体积内所有要素的物质的量之比。

年累计暴雨站日数：指一定区域范围内，一年中各站点达到暴雨量级的降水日数的逐站累计值。

年平均降水日数：指一定空间范围内，各站点一年中降水量大于等于 0.1 mm 日数的平均值。

年总辐射量：指地表一年中所接受到的太阳直接辐射和散射辐射之和。

暖昼日数：指日最高气温大于 90% 分位值的日数。

平均年降水量：指一定区域范围内，一年降水量总和（以 mm 计）的面积加权平均值。

气溶胶光学厚度：定义为大气气溶胶消光系数在垂直方向上的积分，主要用来描述气溶胶对光的衰减作用，光学厚度越大，代表大气中气溶胶含量越高。

全球地表平均温度：是指与人类生活的生物圈关系密切的地球表面的平均温度，通常是基于按面积加权的海表温度（SST）和陆地表面 1.5m 处的表面气温的全球平均值。

石漠化：是指在湿润、半湿润气候条件和岩溶极其发育的自然背景下，受人为活动干扰，地表植被遭受破坏、土壤严重流失，基岩大面积裸露或砾石堆积的土地退化现象。

酸雨：pH 小于 5.60 的大气降水，大气降水的形式包括雨、雪、雹等。

酸雨频率：某段时间（年，或季，或月）内日降水 pH 小于 5.60 的出现频率（%）。

太阳黑子相对数：表示太阳黑子活动程度的一种指数，是瑞士苏黎世天文台的 J.R. 沃尔夫在 1849 年提出的，因而又称沃尔夫黑子数。

物候：是指自然界的生物（主要指植物和动物）在不同季节受到气候影响出现的各种不同的生命现象，如植物的展叶、开花、结实和落叶，动物界候鸟的迁徙等都属于物候。

植被指数：对卫星不同波段进行线性或非线性组合以反映植物生长状况的量化信息，本书使用归一化差植被指数（NDVI）。

中国气候风险指数：基于历史气候资料和极端天气气候事件致灾阈值，计算雨涝、干旱、台风、高温和低温冰冻 5 种气象灾害风险，结合社会经济数据和多年各灾种造成的损失，对 5 种气象灾害风险进行综合定量化评价的指数。